日本常備菜教主

無敵美味的
簡單節約常備菜
140 道

松本有美

出版 菊

在此介紹，從孩子小時候便開始實踐一週1500元餐費
無敵美味的簡單節約常備菜

我們家是7口之家。

家族成員分別是食欲旺盛的14歲、10歲與4歲的兒子，與丈夫以及雙親一起生活。除了早晚餐以外，也需要幫大家帶便當。孩子們一回到家就會說「肚子好餓啊！」為了滿足他們，事先將料理準備好是非常重要的事。

事先準備好菜餚，每日的餐食真的就會變得很輕鬆。只需加熱就可以上桌，當天菜稍嫌不夠的時候，也可以快速的將便當塞滿。

不僅做起來輕鬆，充分享受菜餚味道的變化也是一大優點。隨著時間的增加，菜餚更入味、風味更濃郁，這也為用餐增添了樂趣。

還有一個優點就是－省錢節約。特賣的肉品、當季盛產的蔬菜…，可以非常划算的大量購入，只要在購買當日做成料理，不僅材料新鮮也能趁食材美味時獲取。一次做好所有的份量，水電費也比較節省。只要花2～3個鐘頭的料理時間，就可以讓接下來的一週輕鬆愉快，再也沒有比這更划算的事了。

本書中，主菜的肉類以4人份100元左右為上限，配菜的蔬菜也是4人份以25元為上限（蔬菜菜價較高，也有一部份例外…）為菜色設計重點。真的有點吃力（笑）。

綜合以上的條件，設計出許多令人滿意的節約食譜！就算將一週的預算設定在1500元而已，也可以有肉類料理7～8道、雞蛋與豆腐類的菜餚5～6道，蔬菜類的配菜約有9～10道。以這樣的份量，就算是正值食慾旺盛年紀的孩子們也可以吃得很滿足。

翻開這本書，選擇菜色均衡的食譜搭配，我想一定可以替家計節約出力。所謂展現主婦智慧－"陽春花費的豪華享受"。如果可以替各位的『節約生活』盡一份力，就是我最大的榮幸了。

YU 媽媽（松本有美）

1500元一週份的無敵美味常備菜

這是一週份常備菜的範例。雖然有這麼多道菜，但是花費其實不到1500元。
這是4人份一週的菜色設定。（我們家是7口之家，份量會更多（笑））

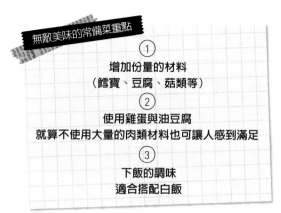

無敵美味的常備菜重點

① 增加份量的材料
（鱈寶、豆腐、菇類等）

② 使用雞蛋與油豆腐
就算不使用大量的肉類材料也可讓人感到滿足

③ 下飯的調味
適合搭配白飯

計 1419元

市場最低價格YU媽媽調查結果（2017年1月、兵庫縣）
以1：0.27換算為台幣

INDEX

本書注意事項
配方為容易操作的份量。約為4人份。
● 計量單位1大匙為15ml、1小匙為5ml
● 調味量的份量標記為「少許」時，份量為以拇指與食指捏起的量。
● 微波爐加熱時間以功率600W為基準（一部份例外），當機器功率為500W時請酌量增加1.2倍的時間。700W時約為0.8倍的時間。
● 烤箱功率為1000W機種（一部份例外）無調溫的小烤箱。
● 使用微波爐與烤箱時，請依照說明書使用耐熱玻璃等容器加熱。
● 洋蔥、胡蘿蔔等蔬菜，基本上需要去皮再調理，以及青椒、茄子、菇類基本需要去籽去蒂、切除底部的手續等，請依照需求事前處理，本書中不再另做說明。

各料理價格‧調理時間等
● 價格為整本書使用材料總量均價，為參考價格。價格為作者參考最低價格計算，與全國平均價格略有出入（兵庫縣基準）。以1：0.27換算為台幣。
● 各調味料、油、奶油、水電瓦斯費用不列入計算。
● 調理時間為參考時間。

常備菜需注意的地方
● 保存時間為參考時間。依照食材鮮度、所使用的冷藏設備、保存狀態等略有差異。
● 請使用乾淨的容器與筷子、烹調與保存。
● 做好的料理請確實冷卻後再放入冰箱保存。

譯註
※『西式高湯粉』為西式的綜合高湯粉（包含肉與蔬菜風味）。
※ 日式柴魚風味醬油めんつゆ（2倍濃縮）可用醬油加上柴魚風味烹大師調出來。

「一次買齊」+「做好一週份量」

這是我實踐節約的2大基本規則。不僅費用節省，日常準備料理也一口氣變得很輕鬆，請大家務必試試看

「一次買齊」的 3個規則

1 在特價日時 一次買齊

到超市採購時一定要將商店的特賣宣傳單帶回家詳細閱讀。依照食材不同，特價的日子也不一樣，多花一點功夫在每種商品特價的時間前往採購。如果是生鮮食材，一定要在當天做成料理。如果是可以保存的加工品，可以等到時間充裕的週末再烹調。

2 事前決定好購物預算

如果出門購物前不決定好預算，很容易買了不需要的東西造成超支，也會變成浪費的原因。在購物前先做好預算與購物清單是非常必要的。將欲購買的食材清單與最低價格做成筆記，在購物時參考價格進行購買。如果想買的食材比最低價格預算要高，那就下次再買，這種時候就要參考賣場內划算的食材，在預算之內進行採買。

3 不可缺少的當季時蔬！ 準備好最低價格表 非常方便

物美價廉的當季時蔬，是節約不可或缺的角色。高麗菜、蘿蔔、白菜在增加份量時非常好用，請務必購入。洋蔥、胡蘿蔔、馬鈴薯保存時間長，也常用在必備的料理上，常備這些蔬菜也有助於節約。請以平時常光顧的店家價格為標準，做成最低價格表備用，在價格高昂時暫不購入，有助於聰明採買。

「一週份量常備菜」的4大好處

1

一次做好節省水電瓦斯費

比起每次每次從頭開始調理食物來說,一次做好足量的菜餚,可壓倒性的節省水電瓦斯費的支出。如果要燙蔬菜,就先煮好大鍋熱水,從泡渣產生較少的蔬菜開始燙,使用同一鍋水,節省瓦斯、電費。在切洗食材時,依照蔬菜、魚漿加工品、肉類、魚類的順序切,就不需要反覆清洗砧板與菜刀,亦有助於節省水費。

2

沒有剩餘食材完全不浪費

將所有食材全擺在桌上,將最好一次使用完畢的食材檢查過後才開始下廚。料理中途如果材料有剩餘,可以利用變化成另外一道菜,或是與其他食材搭配組合活用這些材料。就算是同樣的食材,依照切法與調味不同也會有不同的滋味與印象,在避免菜色重複上可以多花點心思。

3

一次做好所有的菜色,
也可以提升營養均衡的搭配

將綠、紅、白、咖啡、黃五色蔬菜一次購齊,將這些材料與肉、魚、豆腐、魚漿類製品等蛋白質來源搭配組合,變化出營養均衡的菜色。料理中途再補足不足的顏色,最後營養均衡的調整。

4

降低外食與外購現成菜餚的頻率

就算是比較忙累的日子裡,只要有事先做好的菜色,僅需從冰箱取出即可,因此可以降低外食與外購現成菜餚的頻率。將準備好的菜色少量多道的裝盛在一個盤子裡,就像是咖啡廳的菜色一般!如果餐食僅需從冰箱取出裝盤,那老公小孩也可以簡單取食,在媽媽生病或者疲勞忙碌的日子裡非常有幫助。

無敵美味常備菜的規則

調理篇

濃郁的調味

鹽分與糖份越高越能延長食物保存時間，所以比平日在調味上稍微濃郁一點。不僅可以滿足口腹之慾，也可以利用調味濃郁的特點，推薦加入汆燙過的蔬菜等新食材，變化成另一道料理。煮物確實的浸泡在湯汁中，也可以抑制雜菌的繁殖。

確實將食材煮熟

肉類、海鮮等富含蛋白質的食材，如果沒有充分煮熟，將會成為細菌繁殖與食物中毒的原因。務必要確實的將食材煮透。生菜本身附著著許多細菌，所以一定要充分清洗過後以乾淨的布巾或者廚房紙巾將表面的水分擦乾，再進行烹調。以鹽漬除多餘水分，也具有抑制細菌繁殖的效果。

確實的炒乾多餘水分

蔬菜等在烹調時所產生的水分，有助於細菌繁殖。所以炒蔬菜或者加入煮物中所使用的蔬菜，不論哪種，先以油脂炒乾水分後再進行調味非常重要。炒乾多餘的水分之後再調味，可以讓調味時所使用的鹽份與糖份的濃度提升，具有抑制細菌繁殖的效果。就算保存一段時間之後也不會變得湯湯水水，亦可保持料理原本的美味。

使用足量的油烹調

食材接觸空氣之後容易氧化變質，避免這樣的情況發生，使用油脂讓食材表面產生保護膜非常重要。在炒菜時油的份量使用比平日一般料理要多一點，確實的將食材中多餘的水分炒乾，均勻裹上油膜。煮物也是以油炒過後再滷，湯汁當中的油膜在料理保存時亦有防止氧化的效果。

分好之後再上桌

使用清潔的餐具,將一餐的份量在上桌前分至碗盤中。絕對不能直接從保存容器中取食。此外,如果將保存常備菜的容器直接放在室溫下的餐桌上,溫度上升也是造成細菌增生的原因,請絕對避免。

請在保存容器內先鋪上廚房紙巾後再放入油炸類的料理。

油炸的料理,在保存期間一定會滲出油脂,如果沒有妥善處理,料理將會變得油膩。為了改善這樣的問題,請在保存容器內先鋪上廚房紙巾,確實的瀝乾油份後再放入。這樣就算是吃到最後也沒問題。如果可以1～2天換一下紙巾,效果會更好。

使用乾淨的保存容器與筷子

不乾淨的保存容器會促使細菌增生。請將容易藏汙納垢的角落確實洗淨。接著以熱水消毒後晾乾使用。或者如果有食品用消毒酒精,只需要以噴瓶噴過,就可以輕鬆消毒。將食材夾取入容器的筷子也以使用一道料理為單位,以食用酒精噴過再以廚房紙巾擦乾後使用。

完全冷卻後再蓋蓋子

如果在料理還熱熱的時候裝入保存容器蓋上蓋子,餘熱會讓蓋子內側產生水滴,這個也是促使細菌繁殖與食物腐壞的原因。此外,如果在熱熱的時候就直接放入冰箱,會造成冰箱內的溫度上升,也會讓冰箱內的其他食物容易壞掉。料理烹煮好之後,先置於保存容器內靜待完全降溫,再蓋上蓋子。

不要反覆的將食物自冰箱取出置於常溫下

料理置於常溫下時間一長就容易增生細菌,所以食物與空氣接觸的時間越長就越容易變質。直接使用容器上桌是絕對禁止的!此外,溫度變化越大對食物的保鮮傷害越大,風味也會下降。所以在上桌享用前才取用一餐所需份量,拿完之後也隨即放回冰箱,請避免料理的溫差過大,這也是延長保存時間非常重要的訣竅。

不同材質・保存容器的特性

保存容器有各種材質。請依照需要挑選適當的保存容器使用

琺瑯

最近非常愛用的種類。導熱能力佳，放入冰箱後冰溫速度也很快，符合延長料理保存時間的特點。形狀四方型的比圓型的更好。放入冰箱保存比較節省空間，一次可以做很多非常方便。保存咖哩或者番茄醬的料理也不會染色。也可以直火加熱。

陶器

喜歡陶器具設計美觀與色彩豐富的優點。放入做好的料理時，與大容量的保存容器不同，可以一次放入一餐份。這樣一來用餐時就可以連同容器直接上桌，不需要另外裝盤也很省事（當然也請注意在上桌後必須當日享用完畢）。

耐熱玻璃

喜歡玻璃容器不容易染色與染上氣味的優點。也可以使用微波爐，很輕鬆的加熱。玻璃透明的特性讓裡面裝的東西一目瞭然，也非常省事，可以避免保存到忘記。雖然有點重量，但只要想成非常耐用且穩定就好。

密封保存袋

想有效利用冰箱空間時，可以平放保存的密封袋是最方便的。也可以使用油性筆在袋子上面寫下料理名稱與烹煮日期，可以避免因為忘記時間而將做好的料理放到過期。如果是淺漬或者醋物涼菜，可以直接將材料放入袋中，透過袋子揉搓食材醃漬，節省製作工序與減少需要清洗的碗盤，用在冷凍保存也很方便。

耐熱塑膠

分成可使用微波爐加熱與不可兩種，所以在使用時請小心確認。種類與尺寸多樣化，容易收納等優點，加上重量很輕使用起來很方便。不過要留心，如果以此容器保存添加了咖哩、辣油、番茄醬等食物，會染上顏色。

CHAPTER 1

肉類為主角的
無敵美味常備菜

我們家有3個正值少年食慾旺盛的兒子，
餐桌上肉類料理不可或缺。
但也總是會有懶得專程下廚烹調肉類的日子。
在這種時候打開冰箱，如果發現「啊～還有這一道菜呢」
應該是最讓人開心的了。
跟大家介紹隨著時日增加越來越好吃，
感受特別明顯的拿手肉類料理。

雞肉（雞腿）

將增量用的食材切得大塊一點，
可以彌補肉類材料的不足。
雞腿是美味的部位，做成下飯的重口味料理。

以家裡現有的食材
簡單煮出義大利風味！

價格 120元

獵人燴雞（Cacciatore）

番茄雖然給人口味清爽的感覺，但使用大量番茄調味會產生濃郁的風味。隨著時日增加，番茄的酸味會變得豐潤，佐以雞肉本身的油脂讓味道更有深度。

材 料（便於操作的份量）

雞腿肉	·············	2隻
洋蔥	·············	1個
鴻禧菇	·············	1包
胡蘿蔔	·············	1條
橄欖油	·············	2大匙

A	番茄罐頭（塊狀）	½罐（200g）
	番茄醬	2大匙
	鹽	1小匙
	蒜泥（市售軟管狀）	4cm
B	乾燥羅勒葉	1大匙
	粗粒黑胡椒	適量

作 法

1 ▸ 將雞肉、洋蔥切成1口大小。鴻禧菇分成小束。胡蘿蔔切成5cm厚片後切成¼圓片。

2 ▸ 將橄欖油放入平底鍋中，以中火加熱，放入步驟1的雞肉兩面各煎4分鐘，加入步驟1其他材料拌炒。

3 ▸ 加入材料A拌炒5分鐘左右，加入材料B大略的拌炒均勻。

調理時間
24分

保存期間
冷藏保存7日

希望連味噌湯汁都能開心吃光的拿手調味

味噌醬煮大蔥雞

煮至柔軟的大蔥非常美味，常常比雞肉還要快消失在盤子裡。作法十分簡單，僅需將所有材料一起煮熟即可，讓這道菜成為常出現在餐桌上的拿手料理吧。

材 料（便於操作的份量）

雞腿肉	2隻
大蔥	1根

A	水	100ml
	味噌	4大匙
	砂糖	3大匙
	醬油	1大匙
	薑泥（市售軟管狀）	4cm

作法

1 ▶ 將雞肉都切成5cm大塊，大蔥切成4cm小段。

2 ▶ 將步驟1與材料A放入鍋中以大火加熱，鍋中湯汁沸騰後轉小火，撈除泡渣後煮20分鐘。

調理時間 **25**分

保存期間 冷藏保存 **7**日

價格 **113**元

麻婆辣雞

麻婆風味的炒白菜一上桌，孩子們說「如果裡面可以放肉的話就太棒了！」，這是一道應孩子們要求而誕生的料理。請各位自行調整成喜歡的辣度喔

材 料（便於操作的份量）

雞腿肉	2隻
白菜	⅙個

A	胡麻油	2大匙
	甜麵醬	3大匙
	紅辣椒（切成小圈）	½根
	蒜泥、薑泥（市售軟管狀）	各4cm

B	水	100ml
	酒、醬油	各2大匙
	雞高湯粉	½小匙

作法

1 ▶ 雞肉切成1口大小。白菜切成2cm寬。

2 ▶ 將材料A放入平底鍋中，以小火拌炒2分鐘，加入雞肉繼續拌炒2分鐘左右。加入白菜與材料B，一邊撈除泡渣煮10分鐘左右。

將雞肉切成保留口感的塊狀！

調理時間 **20**分

保存期間 冷藏保存 **7**日

價格 **116**元

我最喜歡的甜味咖哩，
孩子們也喜歡

價格 116元

奶油咖哩雞

最初可以直接享用，隨著份量減少後可以加入牛奶
與洋蔥風味的高湯粉一起煮，煮成咖哩醬也很美味。

材料（便於操作的份量）

雞腿肉 …………………2隻
洋蔥 ……………………2個
A ┌ 蒜泥（市售軟管狀）
  │ …………………3cm
  │ 番茄醬 ………4大匙
  │ 原味優格（無糖）2大匙
  │ 咖哩粉 ………1小匙
  └ 高湯粉 ………1½小匙
奶油 …………………10g

作法

1 ▶ 雞肉切成1口大小，與材
料A一同放入塑膠袋中充
分按摩均勻。洋蔥切絲。

2 ▶ 以小火加熱平底鍋，放
入步驟1的雞肉與醃料湯
汁，拌炒5分鐘炒至雞肉
變色。加入洋蔥以中火拌
炒6分鐘左右，最後加入
奶油即可。

調理時間
19分

保存期間
冷藏保存7日

甜辣醬炒蘿蔔雞丁

時間經過越久，材料入味後風味更佳。白蘿蔔容易出水，
勾芡時稍微讓湯汁黏稠一些，到最後都會很好吃。

材料（便於操作的份量）

雞腿肉 …………………2隻
白蘿蔔 …………………½條
A ┌ 水 …………200ml
  │ 甜辣醬 ………5大匙
  │ 番茄醬 ………2大匙
  └ 雞高湯粉 ……¼小匙
B ┌ 水 …………2大匙
  └ 太白粉 ………1小匙
辣油 …………………適量

作法

1 ▶ 將雞肉與白蘿蔔切成
1口大小。

2 ▶ 將步驟1與材料A放入
平底鍋中，蓋上落蓋，
以中火煮至湯汁沸騰後
轉小火，繼續煮20分
鐘左右。加入調勻的材
料B攪拌勾芡。

3 ▶ 將步驟2放入保存容器
中淋上辣油。

用馬鈴薯來替換蘿蔔也不錯！

價格 118元

調理時間
30分

保存期間
冷藏保存5日

作給小孩吃的時候
不放辣椒粉

風味烤雞肉串

先生嗜辣，將烤雞肉串加上辣椒粉，做成也很適合下酒的菜色。
份量也可以吃飽，CP值完勝市售烤雞肉串。

材料（8串）

雞腿肉 ……………………2隻
青椒 …………………………4個
A｜ 魚露 ………… 2大匙
　｜ 蒜泥（市售軟管狀）
　｜ …………………… 5cm
B｜ 檸檬汁 ……… 4小匙
　｜ 辣椒粉（或一味粉）
　｜ …………………… 適量

作法

1 ▶ 將每片雞腿肉各切成12
　 等分後放入塑膠袋中，加
　 入材料A按摩均勻。

2 ▶ 青椒縱切對半後，長度再
　 對半切。

3 ▶ 1根竹籤交互串上雞肉
　 3塊與青椒2片。

4 ▶ 將步驟3整齊排放在以鋁
　 箔紙鋪好的烤盤上，淋上
　 材料B以烤箱（1000W）烤
　 15分鐘左右。

調理時間
28分

保存期間
冷藏保存4日

價格 115元

雞肉蕪菁煮白醬

充滿雞肉鮮味的白醬是我喜歡的"濃郁溫潤"口味。
這道菜也很推薦加上煮好的義大利麵與披薩起司，做成焗烤享用。

材料（便於操作的份量）

雞腿肉 ………………2隻
蕪菁 …………………1個
洋蔥 …………………1個
橄欖油 …………… 2大匙
低筋麵粉 ………… 2大匙
A｜ 牛奶 ………… 300ml
　｜ 雞高湯粉 …… 2小匙
粗粒黑胡椒 ………… 適量

作法

1 ▶ 雞肉、蕪菁切成1口大小。

2 ▶ 將橄欖油置於平底鍋中以
　 中火加熱後放入步驟1的
　 雞肉，拌炒5分鐘左右，
　 再加入步驟1中剩下的材
　 料繼續拌炒5分鐘左右，
　 撒入低筋麵粉拌炒至粉狀
　 完全消失。

3 ▶ 一邊少量緩慢的加入材料
　 A與鍋中材料拌炒均勻，
　 煮2分鐘左右煮至湯汁濃
　 稠，最後撒上粗粒黑胡椒。

調理時間
19分

保存期間
冷藏保存3日

以中華風調味過的白醬，
變成下飯的菜色

價格 133元

雞肉（雞胸肉）

價美份量多，是重要的食材。以事前大略的醃漬
與火力調整，避免肉質乾澀是烹調秘訣。

夾在麵包裡

就是一道份量滿分的午餐！

價格 **77**元

涼拌高麗菜絲
佐炸雞排

酸甜的涼拌高麗菜絲讓炸雞排的味道更清
爽，一道像是沙拉般的菜色。也可以依照
喜好混合均勻後再保存也很美味。

材 料（便於操作的份量）

雞胸肉 ························	2片
高麗菜 ························	¼個
胡蘿蔔 ························	1條
A 高湯粉 ·················	1小匙
蒜泥（市售軟管狀）·········	4cm
鹽 ·························	1小匙
B 醋 ·····················	4大匙
砂糖 ····················	3大匙
橄欖油 ··················	2大匙
低筋麵粉 ····················	3大匙
沙拉油 ······················	適量

作 法

1 ▶ 以叉子在雞肉表面均勻的戳洞後
放入塑膠袋中，加入材料**A**按摩
之後擠出袋內空氣醃漬10分鐘。

2 ▶ 將高麗菜與胡蘿蔔切成細絲放入
缽盆中，撒上鹽靜置10分鐘待多
餘水分釋出蔬菜軟化，擠乾蔬菜
本身多餘的水分放入另一個缽盆
中，加入**B**混合均勻放入保存容
器內。

3 ▶ 將步驟**1**的雞肉以廚房紙巾擦乾
表面水分，撒上低筋麵粉。將沙拉
油倒入鍋中，油量約2cm高，以
中火加熱放入雞胸肉2面各炸6分
鐘左右。起鍋後瀝乾油份，切成
2cm斜片置於步驟**2**的蔬菜絲上。

調理時間 **30**分　保存期間 冷藏保存**5**日

微辣的美味！
先生最好的下酒菜

價格 73元

七味辣蔥炸雞

雞肉以擀麵棍拍過更容易入味。就算是經過一段時間
味道也不會變淡，肉質也能保持柔軟。是不可缺少的小手續！

材料（便於操作的份量）

雞胸肉 ⋯⋯⋯⋯⋯⋯2片

A | 七味辣椒粉、麻油 ⋯⋯⋯⋯ 各1大匙
　 | 鹽 ⋯⋯⋯⋯ ½小匙

低筋麵粉 ⋯⋯⋯⋯ 5大匙

沙拉油 ⋯⋯⋯⋯⋯適量

B | 珠蔥 ⋯⋯⋯⋯⋯3根
　 | 柑橘醋醬油、日式柴魚風味醬油(2倍濃縮) ⋯⋯ 各3大匙
　 | 炒香過的白芝麻 1大匙
　 | 七味辣椒粉 ⋯⋯適量

作法

1 ▸ 將雞肉切成1口大小放入塑膠袋中，以擀麵棍在塑膠袋上敲打約20次，加入材料A透過袋子將雞肉按摩均勻。以廚房紙巾擦去雞肉的湯汁後撒上低筋麵粉。

2 ▸ 將沙拉油倒入鍋中，油量約4cm深左右以中火加熱，放入步驟1兩面各炸3分鐘。

3 ▸ 將材料B放入缽盆中混合均勻，趁熱放入步驟2混合均勻即可。

調理時間 14分　　保存期間 冷藏保存7日

披薩風炸雞排

油炸類的常備菜色很容易有過於油膩或者乾澀的問題。
這道料理不需要油炸，改用搭配美乃滋烤的方式，
不僅不會油膩肉汁也可以保留，完全沒有乾澀的問題。
披薩口味的炸雞排也很受孩子們歡迎。

材料（便於操作的份量）

雞胸肉 ⋯⋯⋯⋯⋯ 2片

青椒 ⋯⋯⋯⋯⋯⋯1個

A | 美乃滋 ⋯⋯⋯ 4大匙
　 | 高湯粉 ⋯⋯⋯ 1大匙
　 | 麵包粉 ⋯⋯⋯30g

披薩醬(市售品) ⋯ 4大匙

披薩用起司 ⋯⋯⋯50g

乾燥巴西利葉 ⋯⋯適量

作法

1 ▸ 青椒切成3mm圈狀。

2 ▸ 雞胸肉以刀橫剖切成一半厚度片狀，將材料A依序塗上。

3 ▸ 將步驟2置於以鋁箔紙鋪好的烤盤上，塗上披薩醬、放上步驟1，以及披薩用起司。以(900W)功率烤20分鐘左右，最後撒上乾燥的巴西利葉。

調理時間 26分　　保存期間 冷藏保存4日

由披薩與炸雞排結合成的
混搭菜色

價格 86元

甜麵醬濃郁的風味，
最佳的下飯良伴

價格 72元

回鍋肉風雞丁炒高麗菜

雞肉片過之後面積變大，讓份量感覺增加
高麗菜切大片一點，讓水分不易流失，延長保存期限。

材料（便於操作的份量）

雞胸肉	2片
高麗菜	¼個
胡麻油	2大匙

A
甜麵醬	4大匙
胡椒	¼小匙
蒜泥（市售軟管狀）	4cm

作法

1 ▶ 雞肉的長度對半切之後片成2cm厚度以擀麵棍拍打。高麗菜切成5cm片狀。

2 ▶ 將胡麻油倒入平底鍋中，以中火加熱，放入雞肉煎至兩面金黃左右約4分鐘。放入高麗菜大略的拌炒後加入材料A，拌炒均勻。

調理時間
15分

保存期間
冷藏保存5日

梅子醬拌滑菇蘿蔔泥佐清蒸雞絲

確實濾乾白蘿蔔泥的水分，再以梅子醬與滑菇的鹽分
延長保存時間。直接吃也不錯，或以微波爐加熱後風味更佳。

材料（便於操作的份量）

雞胸肉	2片（500g）

A
酒	4大匙
鹽	1小匙

蘿蔔	½條

B
青紫蘇（切成粗末）	10片
滑菇（市售品）	130g
柑橘醋醬油	4大匙
梅子醬（市售軟管狀）	2小匙

作法

1 ▶ 雞肉以叉子均勻戳洞。放入耐熱容器中撒上材料A，鬆鬆的覆蓋上一層保鮮膜後，以微波爐加熱（600W）9分鐘。掀開保鮮膜大略的降溫，將雞肉剝成粗絲。

2 ▶ 擰乾白蘿蔔泥的水分。

3 ▶ 將步驟1、2與材料B混合均勻。

放在白飯上做成茶泡飯
或者佐以冷豆腐、烏龍麵都很美味。

價格 126元

調理時間
22分

保存期間
冷藏保存4日

將便利商店裡滑嫩受歡迎的雞肉
做成日式風味！

調理時間 23分

保存期間 冷藏保存7日

價格 71元

和風沙拉雞

發現受歡迎的雞肉沙拉，如果做成和風口味會非常好搭配！
可以混著炒飯、還可以加在拌菜或醋物中增加份量感！

材料（便於操作的份量）

雞胸肉 ‥‥‥ 2片(500g)

A
　醬油 ‥‥‥‥‥ 2大匙
　酒、味醂 ‥‥ 各1大匙
　橄欖油 ‥‥‥‥ 2小匙
　柴魚片 ‥‥‥ 1袋(2.5g)

作法

1 ▸ 雞肉以叉子均勻戳洞，放入塑膠袋中加入材料A按摩入味。

2 ▸ 將步驟1的雞肉連同湯汁放入耐熱容器，鬆鬆的覆蓋上一層保鮮膜後，以

微波爐加熱(600W)9分鐘。靜置降溫，切成喜歡的大小。

雞肉（其他）

帶骨的肉品可產生鮮美的高湯，有份量的外觀
也讓餐桌增色不少。
雞翅腿剪開之後也會讓份量看起來更豐富。

調理時間	保存期間
23分	冷藏保存7日

雞肉以柑橘醋醬油烹煮，
雞骨頭更容易剝離

價格　62元

山椒煮雞翅腿

雞翅腿特價的時候，一定會煮2倍份量，深受家人喜愛的一道菜餚。
只是添加了少量的山椒粉，就可以讓大家食慾大增（笑）

材料（8隻）

雞翅腿 ‧‧‧‧‧‧‧‧‧‧‧‧‧‧ 8隻

A
| 水 ‧‧‧‧‧‧‧‧‧‧‧ 100ml |
| 柑橘醋醬油 ‧‧‧‧‧ 4大匙 |
| 砂糖 ‧‧‧‧‧‧‧‧‧‧ 2大匙 |
| 山椒粉 ‧‧‧‧‧‧‧‧ 2小匙 |

作法

1 ▶ 將雞翅腿放入鍋中，加入材料A以大
火加熱，湯汁沸騰後轉小火撈除泡
渣，蓋上落蓋，不時上下翻動慢火煮
20分鐘左右。

片開後的雞胸肉看起來
份量更多

調理時間 25分

保存期間 冷藏保存4日

芥末籽醬起司米蘭雞胸排

家人反應鹽味的米蘭雞排「不下飯」，所以有了加上番茄醬與芥末籽醬的發想。變成重口味之後，大家不停的添飯（笑）

材料（便於操作的份量）

雞柳	8條
高湯粉	2小匙
A 蛋液	1個份
芥末籽醬、番茄醬、牛奶	各2大匙
起司粉	1大匙
沙拉油	2大匙

作法

1 ▶ 雞柳去除肉筋後片開，撒上高湯粉靜置10分鐘左右，以混合好的A調味均勻。

2 ▶ 將沙拉油置於平底鍋中以中火加熱，放入步驟1以小火各煎5分鐘左右至兩面金黃。

蜂蜜照燒雞翅煮蘿蔔

以碳燒雞翅為發想煮成香氣四溢的照燒口味。蘿蔔要煎到懷疑自己是不是煎過頭的程度，甜味就會加倍，請大膽的將蘿蔔煎得焦香吧。

材料（便於操作的份量）

雞翅膀	8隻
白蘿蔔	½條
沙拉油	2大匙
A 蜂蜜	4大匙
醬油	3大匙

作法

1 ▶ 白蘿蔔切成1cm厚的¼圓片。

2 ▶ 將沙拉油倒入平底鍋中以中火加熱後放入雞翅，將步驟1放入鍋中有空位的地方，兩面各煎7分鐘左右煎至鍋中材料確實上色。加入混合均勻的材料A，煮至湯汁收乾出現光澤即可。

調理時間 26分

保存期間 冷藏保存5日

蜂蜜的保濕效果煮出濕潤的肉質

價格 73元

豬肉（片）

捲起來就會是肉塊，切碎之後也可以取代多汁的絞肉，形狀變化自由是它的魅力之處

加了很多讓人
從疲勞中恢復的大蒜

價格　96元

鹽味馬鈴薯燉豬肉

蒜味十足的中華風馬鈴薯燉肉。
吃不膩的清爽鹽味，味道強烈的下飯良伴。
加熱之後更美味！

材 料（便於操作的份量）

豬肉片 …………… 200g
馬鈴薯 ……………… 6個
青蔥 ………………… 1根
大蒜 ………………… 8瓣
A｜水 …………… 400ml
　｜雞高湯粉 …… 1大匙
　｜鹽 …………… ¼小匙
黑胡椒 …………… 少許

作 法

1 ▶ 馬鈴薯切成1口大小。青蔥切成4cm小段。

2 ▶ 將豬肉、步驟1、大蒜、材料A放入鍋中，以大火加熱，煮滾後撈除泡渣，轉小火蓋上落蓋，燉煮20分鐘左右。

3 ▶ 將步驟2放入保存容器中，撒上黑胡椒。

調理時間
29分

保存期間
冷藏保存5日

將豬肉片捏成丸子
帶來口感上的滿足

調理時間
26分

保存期間
冷藏保存**7**日

價格 **95**元

醋煮豬肉丸子

醋的酸味透過加熱變得柔和，
只剩下鮮美的味道。
經過一段時間，肉丸子會變得柔軟，
正是美味的時候！請享受隨著時間
變化的味道吧。

材 料（便於操作的份量）

豬肉片 ⋯⋯⋯⋯⋯⋯⋯⋯⋯300g
洋蔥⋯⋯⋯⋯⋯⋯⋯⋯⋯⋯3個
太白粉 ⋯⋯⋯⋯⋯⋯⋯⋯ 2大匙

	水 ⋯⋯⋯⋯⋯⋯⋯⋯ 200ml
A	醋 ⋯⋯⋯⋯⋯⋯⋯⋯⋯ 4大匙
	醬油 ⋯⋯⋯⋯⋯⋯⋯⋯ 3大匙
	砂糖 ⋯⋯⋯⋯⋯⋯⋯⋯ 2大匙

作 法

1 ▸ 豬肉片撒上太白粉，分成8等
分之後捏成肉丸狀。洋蔥帶芯
縱切成4等分。

2 ▸ 將步驟1、材料A置於鍋中，
以大火加熱，煮滾後轉小火撈
除泡渣，不時翻動鍋中使材料
上下翻動煮20分鐘。

鄉村風豬肉煮大豆

對身體有益的大豆希望孩子們可以多
多攝取，將煮好的豆子加入燉煮豬肉
中，增加了攝取量。材料中也有胡蘿
蔔，不論營養或者份量都大幅提昇！

材 料（便於操作的份量）

豬肉片 ⋯⋯⋯⋯⋯⋯⋯⋯⋯300g
大豆(水煮)⋯⋯⋯⋯⋯⋯⋯200g
胡蘿蔔 ⋯⋯⋯⋯⋯⋯⋯⋯⋯1條
油豆腐皮(長方形)⋯⋯⋯⋯2片

	水 ⋯⋯⋯⋯⋯⋯⋯⋯ 200ml
A	白高湯⋯⋯⋯⋯⋯⋯ 3大匙
	砂糖 ⋯⋯⋯⋯⋯⋯⋯ 2大匙

胡麻油 ⋯⋯⋯⋯⋯⋯⋯⋯ 1大匙

作 法

1 ▸ 胡蘿蔔切成1口大小，油豆腐
皮切成正方形後，沿對角線切
成共計8片的三角型。

2 ▸ 將豬肉片、大豆、胡蘿蔔放入
鍋中，油豆腐皮置於最上方，
倒入材料A以大火加熱，煮滾
之後轉小火，不時翻動鍋中，
將油豆腐皮翻面煮20分鐘左
右，最後再淋上胡麻油。

調理時間
24分

保存期間
冷藏保存**5**日

祖母的家常菜
令人懷念的味道

價格 **123**元

燉煮時間大幅縮短。以低廉的材料費製
作五花滷肉

價格 106元

滷肉風之豬肉煮青江菜

將豬肉片重疊做成豬肉塊。比起真正的五花肉塊，
這樣的煮法縮短更多烹調時間，肉質也更柔軟。
孩子們與高齡的雙親也能盡情享用

材料（便於操作的份量）

豬肉片 ·············· 300g
青江菜 ················2株
太白粉 ············ 2大匙
沙拉油 ············ 1大匙

A | 水 ·············· 200ml
  | 醬油、味醂·· 各4大匙
  | 薑泥（市售軟管狀）
  | ················ 6cm
B | 水 ·············· 2大匙
  | 太白粉·········· 1大匙

作法

1 ▸ 豬肉與太白粉以手按摩，
   以掌心將肉片捏成塊狀。

2 ▸ 青江菜縱切6等分。

3 ▸ 將沙拉油倒入鍋中以中火
   加熱，放入步驟1兩面各
   煎2分鐘左右，放入材料
   A與步驟2烹煮8分鐘左
   右。最後倒入混合均勻的
   材料B勾芡。

調理時間
25分

保存期間
冷藏保存5日

番茄醬汁漬燙豬肉片

清爽的燙豬肉片以濃郁的醬汁浸泡。
加入番茄也很下飯。

材料（便於操作的份量）

豬肉片 ·············· 300g
番茄 ··················2個

A | 橄欖油·········· 3大匙
  | 番茄醬········· 2大匙
  | 芥末籽醬 ······· 1大匙
  | 蒜泥（市售軟管狀）
  | ················ 4cm

作法

1 ▸ 番茄切成2cm塊狀。

2 ▸ 豬肉片以熱水汆燙，豬肉
   變色後撈起置於濾網上大
   略的降溫。

3 ▸ 將步驟1、2與材料A置於
   缽盆中混合均勻。

以芥末籽醬提味的摩登風味！

價格 104元

調理時間
11分

保存期間
冷藏保存4日

豬肉牛蒡炸丸子
佐鹽味青蔥醬

將豬肉混合牛蒡後做成的炸丸子。
一次享受雙重口感！
牛蒡久置口感也不會變差，
到最後都能保持同樣的美味

材料（16個）

豬肉片 ⋯⋯⋯⋯⋯⋯⋯300g
牛蒡 ⋯⋯⋯⋯⋯⋯⋯⋯1根
太白粉 ⋯⋯⋯⋯⋯⋯ 6大匙
沙拉油 ⋯⋯⋯⋯⋯⋯ 適量

A
珠蔥（切成蔥末）⋯⋯3根
胡麻油⋯⋯⋯⋯⋯ 3大匙
炒香過的白芝麻 ⋯ 1大匙
雞高湯粉 ⋯⋯⋯⋯ 1小匙

作 法

1 ▶ 牛蒡以刨刀削成薄片。

2 ▶ 將豬肉、步驟1、太白粉
放入缽盆中混合均勻，分
成16等分後緊緊捏成丸
子狀。

3 ▶ 將沙拉油倒入鍋中，份量
約4cm左右高度以中火
加熱，放入步驟2不時翻
動油炸6分鐘左右。

4 ▶ 將步驟3置於保存容器
中，淋上混合均勻的材料
A靜置冷卻即可。

調理時間
17分

保存期間
冷藏保存5日

價格　96元

混合了牛蒡的豬肉，
不僅份量增加營養也增加！

豬肉
（薄切五花肉片）

脂肪帶來濃郁的滿足感，就算是份量不多也有濃郁的滋味。
加熱後肉汁更鮮美

價格 **113元**

調理時間 **18**分

保存期間 冷藏保存**4**日

雙層雙色料理

一起吃分開吃都很棒的

五花肉片與
黃豆芽的
韓式拌菜

肉片與黃豆芽分層保存，
最初可以上下分別裝盤成2道菜。
最後吃膩了可以混合在一起變成新的
料理。是一道多變的韓式拌菜

材 料（便於操作的份量）
豬五花肉片 ⋯⋯⋯⋯⋯⋯⋯⋯250g
黃豆芽 ⋯⋯⋯⋯⋯⋯⋯⋯⋯2包
胡麻油 ⋯⋯⋯⋯⋯⋯⋯⋯2大匙

	炒香的白芝麻、雞高湯粉 ⋯⋯⋯⋯⋯⋯⋯各1大匙
A	味噌 ⋯⋯⋯⋯⋯⋯⋯½大匙
	蒜泥（市售軟管狀）⋯⋯ 4cm
	珠蔥（切末）⋯⋯⋯⋯1根
	胡麻油⋯⋯⋯⋯⋯⋯3大匙
B	鹽 ⋯⋯⋯⋯⋯⋯⋯½小匙
	胡椒 ⋯⋯⋯⋯⋯⋯⋯少許

作 法

1 ▶ 豬肉切成4cm小段。

2 ▶ 將胡麻油置於鍋中以中火加
　　熱後放入步驟**1**拌炒5分鐘左
　　右。最後放入調勻的材料**A**大
　　略的拌炒1分鐘。

3 ▶ 黃豆芽以熱水汆燙1分鐘左
　　右，撈起瀝乾後置於濾網上大
　　略的降溫。

4 ▶ 將材料**B**置於缽盆中混合均勻
　　放入步驟**3**拌勻。

5 ▶ 將步驟**4**置於保存容器中，其
　　上再放上冷卻的步驟**2**。

捲入大量的金針菇，就算是薄薄的肉片
都能帶來滿足的一道主菜。

價格 113元

金針菇肉卷

製作肉卷時，將金針菇的兩端露出來，
在保存的過程中會吸附湯汁更入味。
享用時切成便於食用的大小後裝盤。

材料（8捲）

豬五花肉片 ……………8片
金針菇 ……………2包
青紫蘇 ……………8片
太白粉 ………… 2大匙
沙拉油 ………… 2小匙
A 醬油 ………… 3大匙
砂糖 ………… 2大匙
味醂 ………… 1大匙

作法

1 ▶ 將金針菇剝開。

2 ▶ 攤開豬五花肉片、在每片
肉片上放上青紫蘇後再放
上⅛分量的金針菇後捲
起來，撒上太白粉。

3 ▶ 將沙拉油置於平底鍋中以
中火加熱後，捲好的肉卷
接口朝下放入鍋中排好，
略略滾動鍋子加熱6分
鐘。以廚房紙巾吸除多餘
油份後加入材料A，煮至
醬汁均勻附著在肉卷上。

調理時間
15分

保存期間
冷藏保存5日

起司香菇鑲肉

少量也能有強烈風味的切達起司，是非常推薦大家使用的食材。
享用時以烤箱大略的加熱，香菇會更多汁！

材料（8個）

豬五花肉片 ……… 200g
香菇………………8個
切達起司片 …………2片
A 醬油 ……… 1又½大匙
胡椒 …………少許
B 低筋麵粉 ……… 3大匙
蛋液 ………… 1個份
麵包粉 …………適量
沙拉油 …………適量

作法

1 ▶ 肉片切成粗末，加入材料
A混合均勻。起司片每片
各縱切成 4 等分

2 ▶ 香菇去除蒂頭，內側填入
1片起司片與⅛份量豬肉
後壓緊。

3 ▶ 將步驟2依序蘸上材料B。

4 ▶ 將沙拉油倒入鍋中，油量
約4cm高，以中火加熱，
放入步驟3後油炸5分鐘
左右。

5 ▶ 將步驟4放入以廚房紙巾
鋪好的保存容器中。

調理時間
15分

保存期間
冷藏保存5日

務必使用切達起司！

價格 126元

清淡的油豆腐
以海苔粉增加風味

價格　96元

海苔風味炸油豆腐肉卷

將油豆腐以肉片捲起增加份量。厚度滿分的肉卷給人滿足的印象！
蘸上天麩羅醬享用

材料（8個）

豬五花肉片 …………8片
厚片油豆腐 …………2片
日式柴魚風味醬油（2倍濃
縮）…………………2大匙

A　炸蝦粉、水‥各5大匙
　　海苔粉…………2大匙
　　鹽…………1/2小匙

沙拉油……………適量

B　日式柴魚風味醬油
　　（2倍濃縮）、熱水
　　………………各6大匙

作法

1 ▶ 油豆腐長度切成4等分。

2 ▶ 每分油豆腐以1片肉片捲
　　好之後蘸上日式柴魚風味
　　醬油。

3 ▶ 將沙拉油倒入鍋中，油
　　量約4cm高，以中火加
　　熱，將步驟2沾裹上混合
　　均勻的材料A之後下鍋油
　　炸約5分鐘。

4 ▶ 將步驟3放入以廚房紙巾
　　鋪好的保存容器中。蘸上
　　材料B享用。

調理時間
11分

保存期間
冷藏保存**4**日

咖哩醬炒五花肉片黃豆芽

蕎麥麵店的和風咖哩醬。醬汁濃郁帶有甜味，
就算肉片只有一點點也不會被察覺（笑）。佐以白飯非常美味。

材料（便於操作的份量）

豬五花肉片 ………200g
黃豆芽……………2包
韭菜………………2把

A　水…………3大匙
　　和風高湯粉、中濃
　　豬排醬……各1大匙
　　咖哩粉、太白粉
　　………………各1小匙

作法

1 ▶ 五花肉片切成5cm，韭菜
　　切成4cm長。

2 ▶ 平底鍋以中火加熱，放入
　　肉片炒至油脂釋出約5分
　　鐘。轉大火放入豆芽與韭
　　菜拌炒後加入材料A整體
　　混合均勻。

黃豆芽容易出水，
請確實的勾上芡汁

價格　101元

調理時間
10分

保存期間
冷藏保存**3**日

豬五花煮蘿蔔

蘿蔔會隨著保存期間吸收湯汁味道，肉片就算不多也夠份量。以伍斯特醬取代香料，讓風味更有深度。

材料（便於操作的份量）

豬五花肉片 ············· 200g
白蘿蔔 ·················· ½條
胡麻油 ················· 1大匙

A
水 ················· 200ml
砂糖、伍斯特醬
··············· 各1大匙
味醂 ··············· 2大匙
薑泥（市售軟管狀）···4cm
珠蔥（切末）········· 1根

B
水 ················· 2大匙
太白粉············· 1大匙

作法

1 ▶ 豬肉切成4cm，白蘿蔔切成1cm半月型薄片。

2 ▶ 將胡麻油放入鍋中以中火加熱，放入步驟1拌炒均勻，讓鍋中材料裹上油脂。

3 ▶ 加入材料A蓋上落蓋以小火煮15分鐘左右，最後加入混合均勻的材料B勾芡。

調理時間
23分

保存期間
冷藏保存7日

令人放鬆記憶裡的好味道，冰箱裡有了它就有了安心感。

價格 85元

豬肉
（薄切里肌肉）

瘦肉帶來富有嚼勁的口感，享受肉類存在感的部位。
做成孩子們喜歡的肉卷也非常適合。

我最喜歡甜甜的南瓜了！
這也是一道我個人非常喜歡的菜色

甜南瓜里肌肉卷

鮮味強烈的豬肉與香甜南瓜的組合非常讓人滿意。在以濃郁的醬汁更是下飯良伴。冷冷的吃也很好吃，是非常受歡迎的便當菜！

材料（8個）

薄切豬里肌肉	8片
南瓜	¼個（約400g）
洋蔥	½個
奶油	10g
A 番茄醬、酒	各4大匙
高湯粉	½小匙

作法

1 ▸ 南瓜切成1口大小去皮放入耐熱容器中，鬆鬆的覆蓋上一層保鮮膜，以微波爐加熱（600W）7分鐘。以叉子壓成泥狀大略的降溫。洋蔥切成細絲。

2 ▸ 將步驟1的南瓜分成8等分後整形成約7cm的橢圓條狀，以豬肉片捲妥。

3 ▸ 奶油置於平底鍋中以中火加熱融化，放入步驟2在空位放入洋蔥，大略的翻拌煮6分鐘左右，加入材料A收乾湯汁。

調理時間
30分

保存期間
冷藏保存5日

高麗菜燙過之後，
冷凍保存1個月也沒問題！

價格 102元

蒜香豬肉炒水煮高麗菜

高麗菜透過事先加熱的手續，可以讓拌炒時不易產生多餘的水分，甜味也可以增加。這是一道非常適合當常備菜的熱炒類料理。

材 料（便於操作的份量）

薄切豬里肌肉 ‥‥‥‥ 200g
高麗菜 ‥‥‥‥ ½個（500g）

A ┤ 大蒜（切末）‥‥‥‥4瓣
　　胡麻油 ‥‥‥‥‥ 3大匙
　　豆瓣醬 ‥‥‥‥‥ ½小匙
醬油 ‥‥‥‥‥ 1又½小匙

作 法

1 ▶ 豬肉切成5cm長。高麗菜切成4cm片狀。以平底鍋汆燙1分鐘左右，以濾網瀝乾水分。

2 ▶ 倒除平底鍋中的熱水，放入材料A以中火加熱炒香後放入肉片，炒至肉片變色。

3 ▶ 轉大火加入高麗菜，拌炒2分鐘左右澆淋醬油整體拌炒均勻。

調理時間
11分

保存期間
冷藏保存4日

海帶佃煮蒟蒻豬肉

貌似樸素的菜色，卻是一道一旦嚐過絕對會常做的菜色之一。
連編輯們都連聲讚好（笑）！
多虧了昆布這個主角，請大家務必別放過。

材 料（便於操作的份量）

薄切豬里肌肉 ‥‥‥‥ 200g
蒟蒻 ‥‥‥‥‥ 1片（250g）
昆布絲 ‥‥‥‥‥‥ 20g
生薑 ‥‥‥‥‥‥‥ ½塊

A ┤ 水 ‥‥‥‥‥‥ 100ml
　　砂糖、醬油 ‥ 各3大匙
　　味醂 ‥‥‥‥‥ 2大匙

作 法

1 ▶ 豬肉切成3cm。蒟蒻以湯匙挖成3cm左右小塊。昆布絲大略的洗過擰乾水分。生薑切成細絲。

2 ▶ 將蒟蒻放入鍋中以中火拌炒3分鐘左右。

3 ▶ 將步驟1其他材料放入鍋中、加入材料A不時翻動混合均勻，煮15分鐘左右。

調理時間
21分

保存期間
冷藏保存7日

充滿昆布鮮味的美味煮物

價格 126元

絞肉

可以加入很多材料增加份量，
在肉類裡面算是最容易達到
節約目標的材料。

價格 **66元**

以節約費用的食材做成海苔燒，
放在飯上超級好吃！

調理時間
27分

保存期間
冷藏保存**7日**

雞絞肉海苔燒

加了黃豆芽的肉餡貼上海苔再烤過。
海苔與醬汁融合之後有了簡直就像是鰻魚皮般的口感十分有趣。

材料（便於操作的份量）

雞絞肉 ……………… 200g
黃豆芽 ……… 2包（400g）
A ┤ 雞蛋 ……………1個
   └ 低筋麵粉 ……… 1大匙
烤海苔 ……………… 1大片
B ┤ 味醂 …………… 3大匙
   │ 醬油 …………… 2大匙
   └ 太白粉 ……… ½小匙
沙拉油 …………… 1大匙
山椒粉 …………… 適量

作法

1 ▶ 黃豆芽放入耐熱容器中，
鬆鬆的覆蓋上一層保鮮膜後，以微波爐加熱（600W)5分鐘。掀開保鮮膜大略的降溫後，切成細末擰乾水分。

2 ▶ 將絞肉、步驟1、材料A放入缽盆中充分混合做成肉餡，將做好的肉餡攤平在海苔上。

3 ▶ 將沙拉油置於平底鍋中以中火加熱，將步驟2的肉朝下放入鍋中，煎烤5分鐘。翻面再煎烤3分鐘左右。將混合均勻的材料B放入鍋中煮至醬汁產生光澤。切成8等分撒上山椒粉。

價格 **111**元

用小烤箱就可以簡單製作，保存時間也長，是一道非常方便的菜色。

油豆腐絞肉味噌燒

厚片油豆腐鋪上絞肉，增加份量。
肉餡濃郁的味道補足了油豆腐的清淡。切成一口大小也很不錯。

材料（4個）

雞絞肉 …………… 200g
厚片油豆腐（正方形的）
………………… 4片
青蔥 ………………… ½根

A | 砂糖、味噌、酒
    ………… 各2大匙
    醬油 ………… 1小匙

作法

1 ▶ 青蔥切成細末。
2 ▶ 將絞肉、步驟1、材料A放入缽盆中混合均勻。
3 ▶ 將步驟2分成4等分後，1份放在1塊油豆腐上攤平。
4 ▶ 將步驟3放在鋪有鋁箔紙的烤盤上，以烤箱1000W烤10分鐘左右。

調理時間 **14**分

保存期間 冷藏保存**4**日

辣味美乃滋鱈寶丸子

以鱈寶增加份量製作的肉丸子，冷掉之後也很澎鬆。
鱈寶不但有魚鮮的鮮味，也可以增加黏性，
是一種希望大家常使用的節約食材。

材料（16個）

雞絞肉 …………… 250g
鱈寶 ………………… 2片
低筋麵粉 ………… 1大匙

A | 番茄醬、美乃滋
    ………… 各3大匙
    豆瓣醬 ……… ½小匙
沙拉油 …………… 適量

作法

1 ▶ 將絞肉、低筋麵粉放入缽盆中，鱈寶剝成小塊一邊壓碎一邊與盆中材料混合均勻之後分成16等分。
2 ▶ 將沙拉油倒入平底鍋中，油量約4cm高，以中火加熱放入步驟1一邊翻動一邊炸熟約炸6分鐘。
3 ▶ 將材料A放入缽盆中混合均勻，趁熱放入步驟2讓丸子均勻裹上醬汁。

調理時間 **12**分

保存期間 冷藏保存**5**日

清淡的雞絞肉佐以辣味美乃滋
調成微辣的好味道。

價格 **120**元

在攝影棚裡廣受攝影師們歡迎，
味道鮮美的香菇丸子。

價格　77元

芡燴香菇雞肉丸子

會讓人有這就是香菇的美味啊！充滿香菇風味的肉丸。
避免肉質乾澀，絞肉請務必使用雞腿肉。

材料（8個）

雞絞肉 ············· 200g
香菇 ················· 4朵
A｜雞蛋 ············· 1個
　｜鹽 ············· ¼小匙
胡麻油 ············· 1大匙
B｜薑泥（市售軟管狀）
　｜ ············· 4cm
　｜日式柴魚風味醬油
　｜（2倍濃縮）、水
　｜ ············· 各4大匙
　｜砂糖 ············· 1大匙
　｜太白粉 ········· 1小匙

作法

1 ▶ 香菇切成碎末。

2 ▶ 將絞肉、步驟1、材料A
　　放入缽盆中，充分混合均
　　勻後分成8等分捏成圓長
　　條形。

3 ▶ 胡麻油倒入平底鍋中，將
　　步驟2排放在鍋內，以中
　　火加熱，不時翻動煎10
　　分鐘左右，將混合均勻的
　　材料B倒入鍋中讓鍋中材
　　料均勻裹上醬汁。

調理時間　17分
保存期間　冷藏保存5日

馬鈴薯肉末炸竹輪

這是部落格中的人氣菜色『竹輪沙拉』的進化料理。經過油炸之後的
竹輪風味更好，美味濃縮。不論是口感或是飽足感都非常卓越。

材料（8個）

綜合絞肉（牛豬） ···· 100g
竹輪 ················· 8根
馬鈴薯 ········ 2個（200g）
A｜砂糖、醬油 ·· 各1大匙
　｜和風高湯粉 ······· 少許
B｜天麩羅粉、冷水
　｜ ············· 各4大匙
麵包粉、沙拉油 ··· 各適量

調理時間　20分
保存期間　冷藏保存5日

作法

1 ▶ 竹輪縱切一刀（不切斷）
　　馬鈴薯切成1口大小。

2 ▶ 將馬鈴薯、絞肉放入放入
　　耐熱容器中，鬆鬆的覆蓋
　　上一層保鮮膜後，以微波
　　爐加熱（600W）8分鐘。趁
　　熱。加入材料A壓成泥狀，
　　大略的降溫。

3 ▶ 將步驟2分成8等分從切
　　口塞入竹輪中，蘸上混合
　　均勻的材料B最後蘸上麵
　　包粉。

4 ▶ 將沙拉油倒入鍋中，油量
　　約1cm高，以中火加熱
　　放入步驟3一邊翻面一邊
　　炸約1分鐘左右。

熊本特色料理
「竹輪沙拉」的變化版！

價格　64元

將里芋煮成又甜又辣濃郁的風味
就是一道很棒的主菜

價格　95元

絞肉里芋甜辣煮

將絞肉輕輕的捏成小團保留口感。隨著保存時間延長里芋更入味，
我總會忍著不吃靜待3日（笑）

材料（便於操作的份量）

綜合絞肉（牛豬）‥‥‥ 200g

里芋‥‥‥‥‥‥‥‥‥ 8個

A
水　‥‥‥‥‥‥‥ 300ml
砂糖、醬油‥ 各3大匙
味醂‥‥‥‥‥‥ 1大匙
和風高湯粉‥‥ ½小匙

炒過的白芝麻‥‥‥ 1大匙

作法

1 ▶ 里芋去皮後撒上少許鹽
（份量外）搓過之後，以
水洗淨黏液。

2 ▶ 將材料A，步驟1放入鍋
中，以大火加熱。水滾後
轉小火，將絞肉捏成一口

大小的小團放入鍋中。蓋
上落蓋不時撈除鍋中泡渣
煮15分鐘左右。

3 ▶ 放入保存容器中，撒上白
芝麻。

調理時間
24分

保存期間
冷藏保存 7日

柑橘醬風味煮油豆腐肉丸

肋排醬般濃郁帶甜的重口味，拯救了口味清淡的菜色。
肉餡中加了剩下的麩，不僅清了冰箱也增加份量。

材料（8個）

豬絞肉 ‥‥‥‥‥‥ 250g
厚片油豆腐（正方形）‥2片
A｜麩 ‥‥‥‥ 10個（10g）
　｜雞蛋 ‥‥‥‥‥‥1個
　｜鹽 ‥‥‥‥‥‥ ¼小匙
B｜柑橘果醬、醬油
　｜‥‥‥‥‥‥ 各3大匙
　｜味醂 ‥‥‥‥‥‥ 1大匙
　｜蒜泥（市售軟管狀）
　｜‥‥‥‥‥‥‥‥ 4cm

作法

1 ▶ 油豆腐各縱橫切成4等分。材料A中的麩壓碎。

2 ▶ 將絞肉、材料A放入塑膠袋中，揉搓至顏色變白。分成8等分，每一等分中包入一塊油豆腐。

3 ▶ 步驟2並排在平底鍋中，以中火加熱約10分鐘，煎至2面都上色後，倒入混合好的材料B煮至醬汁濃稠。

使用柑橘果醬，
變化出肋排醬的風味。

價格 **107**元

調理時間 **17**分 ｜ 保存期間 冷藏保存 **5**日

這是喜歡馬鈴薯的我們家，
非常受歡迎的菜色

價格 **77**元

馬鈴薯肉醬

將絞肉攤平在鍋中加熱後再撥鬆，口感就跟肉塊一樣喔。
馬鈴薯也切成塊狀，在相乘效果作用下口感立即提升

材料（便於操作的份量）

綜合絞肉（牛豬）‥‥‥ 200g
馬鈴薯 ‥‥‥‥ 6個（600g）
奶油 ‥‥‥‥‥‥‥‥‥ 10g
A｜番茄醬 ‥‥‥‥‥ 3大匙
　｜中濃豬排醬 ‥‥‥ 1大匙
　｜高湯粉 ‥‥‥‥ ½小匙
起司粉 ‥‥‥‥‥‥ 2小匙

作法

1 ▶ 將馬鈴薯切成1口大小，放入耐熱容器中，鬆鬆的覆蓋上一層保鮮膜後，以微波爐加熱（600W）8分鐘。

2 ▶ 將奶油放入平底鍋中以中火融化，絞肉下鍋以木杓壓扁加熱3分鐘。以木杓將鍋中絞肉大略的撥鬆，拌炒至上色。

3 ▶ 將材料A與步驟1加入鍋中拌炒1分鐘左右。放入保存容器中，撒上起司粉。

調理時間 **18**分

保存期間 冷藏保存 **6**日

番茄奶油醬煮高麗菜卷

奶油醬就算經過一段時間風味也不會改變。
每次都可以吃到與剛做好時相同的美味。加入了整整一顆洋蔥，
不僅增量甜味也更豐富了。

材料（8個）

綜合絞肉‧‧‧‧‧‧‧‧‧‧ 200g
洋蔥‧‧‧‧‧‧‧‧‧‧‧‧‧‧‧‧1個
高麗菜‧‧‧‧‧‧‧‧‧‧‧‧‧‧8片
A｜雞蛋‧‧‧‧‧‧‧‧‧‧‧‧‧1個
　｜高湯粉‧‧‧‧‧‧‧‧‧2小匙
奶油‧‧‧‧‧‧‧‧‧‧‧‧‧‧‧‧20g
低筋麵粉‧‧‧‧‧‧‧‧‧‧1大匙
牛奶‧‧‧‧‧‧‧‧‧‧‧‧‧‧300ml
B｜水‧‧‧‧‧‧‧‧‧‧‧‧‧200ml
　｜番茄醬‧‧‧‧‧‧‧‧2大匙

作法

1 ▶ 洋蔥切成細末。高麗菜以熱水汆燙3分鐘左右，大略的降溫後沿著菜梗切落菜葉。將切下來的菜梗切碎。

2 ▶ 將絞肉、步驟1的洋蔥與高麗菜梗、材料A放入缽盆中，混合至產生黏性後分成8等分，捏成橢圓長條型。

3 ▶ 取步驟1的高麗菜葉，將1份步驟2放至高麗菜葉上，先將左右邊朝中間包好之後再捲起來，捲好之後以牙籤固定。

4 ▶ 將奶油放入平底鍋中以中火加熱融化，放入低筋麵粉炒至與奶油融合，少量分次加入牛奶使質地均勻。加入材料B，將步驟3整齊放入鍋中，蓋上落蓋以小火煮15分鐘左右。

有點費工的高麗菜卷，
多做一點起來也不錯

調理時間 30分　　保存期間 冷藏保存4日

價格 72元

蠔油煮青椒鑲肉

用蠔油調味絕對不會失敗！做好隔天青椒吸滿了醬汁的好滋味
連不喜歡青椒的孩子們都可以輕鬆吃。

材料（12個）

豬絞肉‧‧‧‧‧‧‧‧‧‧‧‧ 250g
青椒‧‧‧‧‧‧‧‧‧‧‧‧‧‧‧‧6個
低筋麵粉‧‧‧‧‧‧‧‧‧‧1大匙
A｜麵包粉‧‧‧‧‧‧‧‧4大匙
　｜牛奶‧‧‧‧‧‧‧‧‧‧3大匙
　｜鹽、胡椒‧‧‧‧‧各少許
胡麻油‧‧‧‧‧‧‧‧‧‧‧‧1大匙
B｜蠔油、味醂‧‧各2大匙
　｜薑泥（市售軟管狀）
　｜‧‧‧‧‧‧‧‧‧‧‧‧‧‧3cm

作法

1 ▶ 將青椒對半切，內側以粉篩篩入少許麵粉。

2 ▶ 將絞肉、材料A放入塑膠袋中，隔著塑膠袋充分揉搓做成肉餡。將做好的肉餡分成12等分，各自塞入青椒中。

3 ▶ 將胡麻油倒入平底鍋中以小火加熱。將步驟2絞肉面朝下放入鍋中，2面各煎4分鐘左右，將混合好的材料B放入鍋中，煮至湯汁收乾。

「青椒鑲肉」
聽起來多美味的菜名啊！

價格 67元

調理時間 16分　　保存期間 冷藏保存5日

法式多蜜醬煮漢堡

以家中現有的醬料
做出正統法式多蜜醬的風味

以大量的麵包粉增加份量做出鬆軟的肉餡。加了許多鴻禧菇光是醬汁就可以變成一道菜，濃郁的風味是我們家非常喜歡的一道菜色。

材料 (8個)

綜合絞肉 (牛豬)	……	300g
洋蔥	……	1個
鴻禧菇	……	2包
	雞蛋	1個
A	麵包粉、牛奶 ‥	各2大匙
	高湯粉	1小匙
沙拉油	……	2小匙
	水	200ml
B	番茄醬、中濃豬排醬	各4大匙
	蒜泥 (市售軟管狀)	3cm

作法

1 ▶ 洋蔥切細末，鴻禧菇撥開成小朵。

2 ▶ 將絞肉、洋蔥、材料A放入缽盆中，混合至產生黏性後分成8等分，直徑約5cm的扁圓型。

3 ▶ 將沙拉油置於平底鍋中以中火加熱，將步驟2整齊排放在鍋中。兩面各煎2分鐘左右。將鴻禧菇與材料B也放入鍋中，蓋上落蓋轉小火煮10分鐘。

價格　97元

調理時間
22分

保存期間
冷藏保存5日

高湯煮高野豆腐鑲肉

說高野豆腐是一種享受高湯風味的食材也不為過。
所以餡料裡不僅加了雞絞肉，也放了乾蘿蔔絲，
讓味道的層次更有深度。

材料（12個）

雞絞肉 ·············· 100g
高野豆腐 ············ 6個
乾蘿蔔絲 ············ 15g
鹽 ················· 少許

A
水 ············· 400ml
日式柴魚風味白醬油
················· 4大匙
味醂 ············· 3大匙

作法

1 ▶ 高野豆腐依照包裝說明泡
發還原後擰乾水氣。縱切
對半，再從豆腐剖面劃開
做成袋狀。乾蘿蔔絲泡水
還原後切成碎末。

2 ▶ 將絞肉、鹽以及步驟1
切成細末的乾蘿蔔絲放
入缽盆中攪拌至產生黏
性，分成12等分，各自塞入
步驟1的高野豆腐中。

3 ▶ 將步驟2與材料A放入鍋
中以小火煮15分鐘左右。

一口吃進
美味的高湯！

調理時間 **24**分

保存期間 冷藏保存 **5**日

價格 **72**元

味道就像是水餃一樣，
真的很美味喔！

價格 **80**元

中華風煮韭菜肉丸子

看起來綠油油的外觀(笑)但卻是很美味喔。
韭菜的刺激帶來了濃郁的風味。
冬粉吸走了多餘的湯汁，就算是過了一段時間，味道都不會變淡。

材料（便於操作的份量）

雞絞肉 ·············· 250g
韭菜 ················ 1把
白菜 ················ 2片
冬粉 ················ 30g

A
太白粉 ········· 2大匙
鹽 ············ ¼小匙
薑泥(市售軟管狀)
················· 3cm

胡麻油 ············· 1大匙

B
水 ············· 200ml
雞高湯粉 ······· 1大匙

胡椒 ··············· 少許

作法

1 ▶ 韭菜切末，白菜切成1cm寬
細絲。冬粉淋上熱水還原。

2 ▶ 將絞肉、韭菜、材料A放
入缽盆中充分混合均勻後
分成12等分，各自捏成
丸子狀。

3 ▶ 將胡麻油倒入鍋中以中火
加熱，放入白菜拌炒。等
到鍋中菜葉都均勻裹上油
脂之後，將菜葉撥到鍋子
邊緣，在空出來的地方放
入步驟2，加入材料B以
小火煮8分鐘左右。加入
冬粉煮1分鐘至柔軟，撒
上胡椒粉。

調理時間 **18**分

保存期間 冷藏保存 **4**日

烏龍辣肉腸

竟然！把切碎的烏龍麵變成沒有腸衣的辣肉腸。
以微波爐加熱後的狀態保存，享用時以平底鍋或小烤箱加熱。

調理時間 **17分**　保存期間 冷藏保存**6日**

材料（8根）

豬絞肉 …………… 300g
烏龍麵 ……… ½個（180g）

A
太白粉 ……… 3大匙
番茄醬 ……… 2大匙
高湯粉 ……… ½大匙
辣椒粉（或者一味粉）
………… 1小匙
蒜泥（市售軟管狀）
………… 4cm

沙拉油 …………… 1大匙

作 法

1 ▶ 將烏龍麵切碎。
2 ▶ 將絞肉和步驟1、材料A放入缽盆中混合至產生黏性。分成8等分，整形8cm左右長的條狀後，以保鮮膜包成糖果狀。
3 ▶ 將步驟2排放至耐熱容器中，以微波爐加熱（600W）5分鐘。大略的降溫後直接放入保存容器中。
4 ▶ 享用時剝去保鮮膜，將適量的沙拉油（份量外）倒入平底鍋中以中火加熱。或是以小烤箱烤至表面上色。

價格　**68元**

墨魚切成 1cm 小丁狀
保留口感是美味秘訣！

價格　**103元**

墨魚燒賣

將冷凍的墨魚切成小丁加入燒賣裡。
以微波爐加熱後馬上掀開保鮮膜外皮會變乾，
請確實的蒸熟保濕喔。

材 料（16個）

豬絞肉 …………… 250g
冷凍墨魚身 …………1條
洋蔥 ………………½個

A
雞高湯粉、太白粉
………… 各1大匙
胡麻油 ……… 1小匙
薑泥（市售軟管狀）
………… 3cm

燒賣皮 …………… 16片

作 法

1 ▶ 墨魚解凍後切成1cm丁狀，洋蔥切末。
2 ▶ 將絞肉、材料A放入缽盆中混合至產生黏性後加入步驟1混合均勻。
3 ▶ 將1/16的步驟2包入1片燒賣皮中，預留間隔、整齊排放至耐熱容器中，鬆鬆的覆蓋上一層保鮮膜後，以微波爐加熱（600W）7分鐘。直接靜置降溫。

調理時間 **15分**　保存期間 冷藏保存**3日**

CHAPTER 2

丼飯好朋友的
常備菜

可以一口氣吃掉很多白飯的「丼飯好朋友」
有了它在，非常方便。
理由在於只要將做好的丼飯好朋友放在白飯上就完成一餐！
如果還有餘力，也可以煮點湯或者沙拉。
可以組合各種丼飯好朋友當作一餐，最差也不過就是只放一種（笑）。
也可以對大家說「自己加熱之後放在白飯上吃喔～」
如果有工作或者出門時，特別讓人感到安心。
不僅是很好的便當菜，對於節省開支也大有助益。

價格 112元

攪拌攪拌蔬菜乾咖哩！

看起來好像有很多肉，不過其實有一半以上都是蔬菜。
將切成碎末的蔬菜融入肉末中，蔬菜的甜味與鮮味更容易釋放出來，風味更加提升！

材料（便於操作的份量）

綜合絞肉（牛豬）… 300g

A	鴻禧菇	2包
	青椒	2個
	洋蔥	1顆
	茄子	1條
B	橄欖油	2大匙
	蒜泥（市售軟管狀）	3cm
C	番茄醬	4大匙
	咖哩粉、高湯粉、伍斯特醬、蜂蜜	各1大匙

作法

1 ▶ 將所有材料A都切成碎末。

2 ▶ 將材料B、絞肉放入平底鍋中，以中火加熱炒鬆絞肉。肉末變色後以廚房紙巾吸取鍋中多餘油脂，加入步驟1拌炒8分鐘，將蔬菜炒至軟化。加入材料C拌炒1分鐘左右。

調理時間 **17**分　保存期間 冷藏保存**7**日

混合白飯後
放上荷包蛋

鮪魚白菜煮奶油醬

我們家是將奶油醬淋在白飯上吃的那一派（笑）。
將材料煮至糊狀與白飯更容易混合。
當然也可以搭配義大利麵吃。

材料（便於操作的份量）

鮪魚罐頭（油漬）	小1罐（70g）
白菜	⅙個
胡蘿蔔	½條
奶油	20g
低筋麵粉	2大匙
高湯粉	1大匙
牛奶	500ml

作法

1 ▶ 白菜切成2cm寬細絲，胡蘿蔔切絲。

2 ▶ 將奶油置於平底鍋中以中火加熱融化，放入步驟1拌炒8分鐘左右。

3 ▶ 撒入低筋麵粉，拌炒至粉類消失。連同罐頭內的油脂將鮪魚、高湯粉加入鍋中，少量分次加入牛奶混合均勻，煮3分鐘左右，煮至湯汁濃稠。

價格 67元

淋在飯上撒點巴西利葉與黑胡椒享用。

調理時間 **17**分　保存期間 冷藏保存**3**日

番茄醬燴豬肉

討厭番茄的長男如果是炒過的番茄就願意吃，這是在番茄便宜的夏天常做的料理。撒上起司粉與巴西利葉後享用。

材料（便於操作的份量）

豬肉片 ………… 200g
番茄 ……………… 3個
洋蔥 ……………… 2個
沙拉油 ………… 1大匙

A
番茄醬 ……… 4大匙
中濃豬排醬、牛奶
……… 各2大匙
蒜泥（市售軟管狀）
………… 3cm

奶油 …………… 10g

作法

1 ▸ 番茄切成1cm丁狀。洋蔥切成細絲。

2 ▸ 將沙拉油倒入平底鍋中以中火加熱，放入豬肉片炒鬆。肉片顏色變色後放入步驟1拌炒8分鐘左右。加入材料A拌炒2分鐘左右熄火，加入奶油混合均勻。

調理時間
15分

保存期間
冷藏保存4日

撒上起司粉與巴西利葉就像是咖啡廳的菜色。

牛蒡雞肉壽喜燒風味丼飯好朋友

佐以溫泉蛋與海苔絲享用

我們用雞肉取代牛肉做成壽喜燒。使用容易釋放美味的絞肉，就算份量不多也很足夠。
牛蒡切成細絲很麻煩，所以我們切成小片就好。

材料（便於操作的份量）

雞絞肉 ………… 200g
牛蒡 ……………… 1根
舞菇 ……………… 2包

A
砂糖、醬油 … 各4大匙
味醂 ……… 2大匙
和風高湯粉 … ½小匙

水 ……………… 100ml

作法

1 ▸ 牛蒡切成小片，舞菇剝成小朵。

2 ▸ 將絞肉、材料A放入鍋中以中火加熱，炒鬆絞肉。絞肉變色後加入步驟1、份量中的水，不時混合煮8分鐘左右煮至湯汁收乾。

調理時間
14分

保存期間
冷藏保存7日

五目鹿尾菜絞肉丼飯好朋友

以鹿尾菜與油豆腐皮提升整體的鮮味是美味的秘訣。拌上壽司飯就是一道五目壽司！雞絞肉請使用雞腿肉的部位。

撒上珠蔥末增加色彩。

材料（便於操作的份量）

雞絞肉 …………… 200g
芽鹿尾菜（乾燥）…… 7g
胡蘿蔔 ……………… 1條
白蘿蔔 ……………… ⅛條
油豆腐皮 …………… 2片
蛋液 ……………… 3個份
胡麻油 …………… 2大匙

A
水 …………… 200ml
日式柴魚風味醬油
（2倍濃縮）… 6大匙
砂糖、酒 …… 各2大匙

作法

1 ▶ 將鹿尾菜以大量清水泡發
還原後，擰乾多餘水分。

胡蘿蔔、白蘿蔔、油豆腐皮切成小段。

2 ▶ 將1大匙胡麻油置於鍋中以中火加熱倒入蛋液，以調理筷拌炒做成炒蛋後起鍋。

3 ▶ 將剩下的胡麻油倒入鍋中以中火加熱放入絞肉炒至絞肉變色後放入步驟1拌炒均勻。

4 ▶ 將步驟2與材料A放入鍋中以小火煮15分鐘左右。

價格 97元

調理時間 **22分**

保存期間 冷藏保存 **7日**

價格 80元

豆瓣醬加上三葉菜做成大人喜歡的味道

麻婆白菜丼飯好朋友

非常下飯的麻婆口味。帶有甜味的白菜，
孩子們也喜歡。大人享用時可以增加豆瓣醬的份量
讓辣味更明顯。

材料（便於操作的份量）

豬絞肉 …………… 300g
白菜 ……………… ⅙個
青蔥 ……………… 1根

A
胡麻油 ……… 2大匙
豆瓣醬 ……… ½小匙
薑末、蒜末（市售
軟管狀）…… 各4cm

B
醬油 ………… 2大匙
雞高湯粉 …… 1小匙

C
水 ………… 2大匙
太白粉 ……… 2小匙

作法

1 ▶ 白菜切成1cm寬。青蔥切末

2 ▶ 將材料A放入鍋中以小火炒香後加入絞肉，轉中火炒鬆絞肉。等待肉變色後放入步驟1與材料B拌炒5分鐘左右，蓋上鍋蓋燜5分鐘左右。

3 ▶ 將混合均勻的材料C下鍋拌炒勾芡。

調理時間 **16分**

保存期間 冷藏保存 **5日**

Tacos風味
丼飯好朋友

材料只有絞肉與洋蔥，準備起來非常簡單。
享用時加上美生菜、番茄與起司就是豪華的
菜色。夾麵包也很不錯

材料（便於操作的份量）

綜合絞肉（牛豬）‥‥‥‥ 300g
洋蔥‥‥‥‥‥‥‥‥‥‥ 2個
沙拉油‥‥‥‥‥‥‥‥‥ 2小匙

A	番茄醬‥‥‥‥‥‥‥‥5大匙
	伍斯特醬‥‥‥‥‥‥3大匙
	咖哩粉‥‥‥‥1又½小匙
	辣椒粉（如果沒有的話 可使用一味粉代替） ‥‥‥‥‥‥‥‥‥適量

作法

1 ▶ 洋蔥切成細末。
2 ▶ 將沙拉油倒入鍋中以中火
　　加熱，放入絞肉炒鬆。等
　　待鍋中絞肉變色後加入步
　　驟1拌炒3分鐘左右。
3 ▶ 放入混合均勻的材料A拌
　　炒1分鐘左右。

撒上蔬菜與起司、
美乃滋就完成了。

調理時間
10分

保存期間
冷藏保存7日

價格　73元

在以切碎的紅薑
佐以熱熱的白飯

價格　76元

燒肉風味肉醬

非常推薦的一品！就算不用燒肉用的肉改
以絞肉製作，只要有燒肉醬就可以有燒肉
般的風味。也很推薦做成飯糰的餡料使用。

材料（便於操作的份量）

綜合絞肉（牛豬）‥‥‥ 300g
洋蔥‥‥‥‥‥‥‥‥‥2個
沙拉油‥‥‥‥‥‥‥1大匙

A	醬油‥‥‥‥‥‥‥3大匙
	砂糖‥‥‥‥2又½大匙
	味噌‥‥‥‥‥‥‥1大匙
	薑泥、蒜泥（市售 軟管狀）‥‥‥各4cm

炒熟的白芝麻‥‥‥‥ 1大匙

作法

1 ▶ 洋蔥切成粗的碎末。
2 ▶ 將沙拉油倒入鍋中以中火
　　加熱。放入絞肉炒鬆，炒
　　至絞肉變色後加入步驟1
　　拌炒3分鐘左右。
3 ▶ 加入混合均勻的材料A拌
　　炒3分鐘左右，放入白芝
　　麻拌炒均勻。

調理時間
12分

保存期間
冷藏保存7日

佐以細蔥絲與一味粉

價格 100元

調理時間 **15**分

保存期間 冷藏保存**5**日

味噌豬肉丼飯好朋友

豬肉與非常合拍的味噌搭配，呈現濃郁的風味。加了許多青蔥比起洋蔥更俐落的甜味，替這道菜帶來了解膩的效果。

材 料（便於操作的份量）

豬肉片 …………………… 300g
青蔥 ………………………… 2根
生薑 ……………………… ⅓塊

A
水 …………………… 100ml
酒 …………………… 4大匙
砂糖、味噌 ……… 各2大匙
醬油 ………………… 1大匙

作 法

1 ▶ 青蔥、生薑切末。

2 ▶ 將豬肉、步驟1、材料A放入鍋中以大火加熱，鍋中湯汁沸騰後撈除泡渣，煮10分鐘。

炸醬丼飯好朋友

材料中大量使用的韭菜，帶來了味覺重點。除了佐以飯麵之外，還可以做成春卷或加入蛋花做成中華風味的湯品。

材 料（便於操作的份量）

豬絞肉 …………………… 300g
珠蔥、韭菜 …………… 各1把
酒 ……………………… 4大匙
甜麵醬 ………………… 3大匙
味噌 …………………… 2大匙
豆瓣醬 ………………… ½小匙
薑泥、蒜泥（市售軟管狀）
…………………… 各3cm

作 法

1 ▶ 珠蔥切末、韭菜切成粗末。

2 ▶ 將所有的材料放入平底鍋中以調理筷拌勻。以小火拌炒約7分鐘左右。

只要加上小黃瓜絲，配飯配麵都適合！

調理時間 **10**分

保存期間 冷藏保存**7**日

價格 104元

CHAPTER 3

豆腐、油豆腐
為主角的
常備菜

豆腐營養又便宜！
是一種不管做成什麼口味都很容易變化的食材。
稍微花點心思也可以做成滿足感十足的主菜。
本次的食譜每一道不僅價格實惠，更是兼具美味與滿足的菜色。
絕對會讓大家就算沒有肉，也能感到滿足！

豆腐

這是我家節約料理中的超級主角。
以重口味調味就會產生滿足感。
與其他食材容易百搭的特性也非常棒！

不用雞肉，
豆腐的棒棒雞！？

佐以柚子胡椒
變化風味也很美味！

| 調理時間 20分 | 保存期間 冷藏保存5日 | 價格 48元 |

| 調理時間 14分 | 保存期間 冷藏保存4日 | 價格 25元 |

炸豆腐佐薑味鮮菇醬

將炸豆腐加以變化的一道菜。確實的處理豆腐中多餘水分，
不僅保存時間延長，口感也更好

材料（便於操作的份量）
嫩豆腐 … 2塊（600g）
鴻禧菇 ……… 1包
金針菇 ……… 1包
低筋麵粉 …… 2大匙
沙拉油 ……… 適量

A
水 ……… 150ml
日式柴魚風味
白醬油 … 2大匙
太白粉 … ½大匙
薑泥（市售軟管狀）
……… 4cm

作法

1 ▶ 豆腐以廚房紙巾各
別包妥。置於耐熱
容器中，以微波爐
（600w）加熱7分鐘

左右。靜置降溫，以新的
廚房紙巾擦乾多餘水分。
將每塊豆腐各縱橫切成
4等分，整體均勻撒上低
筋麵粉。

2 ▶ 鴻禧菇、金針菇剝開。

3 ▶ 將沙拉油倒入 平底鍋
中，油量約1cm深，放
入步驟1雙面各煎炸3分
鐘左右後起鍋放入保存容
器中。

4 ▶ 將步驟3的油自平底鍋倒
出後，以中火加熱鍋放入
步驟2拌炒2分鐘左右，
加入材料A拌炒均勻勾芡
後淋在步驟3上面。

棒棒雞風味拌豆腐

確實的瀝乾豆腐的水分，菜餚就不會糊糊的。
佐以冷水調勻的味噌醬就是冷湯。如果覺得味道不夠強烈，
也可以添加豆瓣醬增加口感上的刺激。

材料（便於操作的份量）
木棉豆腐
……… 2塊（600g）
小黃瓜 ……… 2條
鹽 …………… 少許

A
壽司醋 …… 3大匙
醬油 ……… 2大匙
炒熟的白芝麻
……… 2大匙
白芝麻醬 … 2大匙
辣油 ……… 1小匙

作法

1 ▶ 豆腐剝成小塊置於耐熱容
器中，以微波爐（600w）
加熱5分鐘左右。靜置降
溫，以新的廚房紙巾擦乾
多餘水分。

2 ▶ 小黃瓜切成薄片撒上鹽去
菁，靜待小黃瓜軟化後擰
乾多餘水份。

3 ▶ 將材料A置於缽盆中混合
均勻放入步驟1、2混合
即可。

洋蔥保留爽脆的口感，份量也不縮水！

價格 53元

營養滿分！自家製豆腐丸子

價格 40元

調理時間	保存期間
18分	冷藏保存**4**日

調理時間	保存期間
18分	冷藏保存**7**日

美乃滋味噌風味豆腐鵪鶉蛋

非常簡單的炒菜，以美乃滋增加濃郁與溫潤的風味。
是一道非常下飯的菜色。如果使用雞蛋做成的水煮蛋，
不僅份量增加成本也降低！

材料（便於操作的份量）
木棉豆腐
　　……2塊（600g）
鵪鶉蛋（水煮）… 8個
洋蔥…………… 1個
美乃滋 ……… 3大匙
A｜味醂 …… 4大匙
　｜味噌 …… 2大匙

作法

1 ▸ 豆腐以廚房紙巾各別包妥。置於耐熱容器中，以微波爐（600w）加熱7分鐘左右。靜置降溫，以新的廚房紙巾擦乾多餘水分。將每塊豆腐各縱橫切成4等分。

2 ▸ 洋蔥切成2cm厚月牙形。

3 ▸ 將美乃滋置於平底鍋中以中火加熱，放入步驟**1**的豆腐拌炒3分鐘左右，加入步驟**2**大略的拌炒3分鐘。加入混合均勻的材料**A**與鵪鶉蛋，整體混合均勻。

毛豆與鹿尾菜的豆腐丸子

豆腐丸子在關西稱為飛龍頭，是一道廣為熟悉的菜色。
如果在家裡做，就可以加入自己喜歡的材料。
毛豆可以帶來很棒的口感，是希望大家務必使用的食材。

材料（12個）
木棉豆腐·1塊（300g）
毛豆（冷凍）…… 20個
鹿尾菜（乾燥）…… 7g
A｜蛋液 …… 1個份
　｜低筋麵粉 ··3大匙
　｜和風高湯粉、
　｜　胡麻油 各2小匙
沙拉油 ……… 適量

作法

1 ▸ 豆腐以廚房紙巾包妥。置於耐熱容器中，以微波爐（600w）加熱5分鐘左右。靜置降溫，以新的廚房紙巾擦乾多餘水分。毛豆解凍後，從豆莢中取出。鹿尾菜泡水10分鐘左右還原後擰乾多餘水分。

2 ▸ 將步驟**1**的豆腐放入缽盆中以手壓碎，加入毛豆、鹿尾菜、材料A充分混合均勻。

3 ▸ 將沙拉油倒入平底鍋中，油量約5cm高，以中火加熱，以湯匙將步驟**2**取1/12整形後下鍋油炸。不時翻動油炸約5分鐘。

蔬菜多多豆腐印度咖哩

為了吸引孩子們的食慾，除了豆腐以外也加了魚肉熱狗。
把所有材料都切成相同大小，受熱均勻，不會有生熟不一的
問題。

材料（便於操作的份量）

木棉豆腐‥1塊（300g）

A
- 魚肉熱狗……2根
- 馬鈴薯………3個
- 洋蔥、甜椒‧各1個
- 胡蘿蔔………1條
- 冷凍玉米粒…40g

奶油…………10g

B
- 番茄醬………6大匙
- 中濃豬排醬‥3大匙
- 蜂蜜…………2大匙
- 咖哩粉………1大匙
- 高湯粉………½大匙
- 蒜泥（市售軟管狀）
  …………5cm

作法

1 ▶ 豆腐以廚房紙巾包妥。置於耐熱容器中，以微波爐（600w）加熱5分鐘左右。靜置降溫，以新的廚房紙巾擦乾多餘水分。將材料A全部切成細末。

2 ▶ 將奶油置於平底鍋中，以中火加熱。將步驟1的豆腐剝成碎末下鍋拌炒3分鐘左右，加入材料A拌炒6分鐘左右，炒至蔬菜軟化，將混合均勻的材料B放入鍋中，拌炒1分鐘。

豆腐漢堡

材料中加了鮮味明顯的乾蘿蔔絲與香菇，風味令人滿足。
這道菜冷了也很鬆軟，也很適合帶便當。
對爸爸的減重計畫也非常有幫助。

材料（8個）

木棉豆腐……2塊（600g）

乾蘿蔔絲……1包（35g）

香菇…………4個

A
- 蛋液…………1個
- 太白粉、醬油
  …………各2大匙
- 和風高湯粉…1小匙

胡麻油…………1大匙

柑橘醋醬油……4大匙

作法

1 ▶ 豆腐以廚房紙巾各別包妥。將1片豆腐各別置於耐熱容器中，以微波爐（600w）加熱7分鐘左右。靜置降溫，以新的廚房紙巾擦乾多餘水分。

2 ▶ 將乾蘿蔔絲以水浸泡10分鐘左右還原，擰乾水分切成細末。香菇切成細末。

3 ▶ 將步驟1的豆腐置於鉢盆中以手壓碎，將步驟2、材料A放入鉢盆中充分混合均勻後分成8等分，捏成橢圓型。

4 ▶ 將胡麻油倒入平底鍋中以中火加熱，將4個步驟3整齊排放在鍋中，雙面各煎4分鐘左右，淋上柑橘醋醬油與鍋中材料混合均勻。

調理時間 18分　保存期間 冷藏保存5日

做成熱三明治也很好。

加了增加風味的玉米粒！

價格　82元

調理時間 30分　保存期間 冷藏保存4日

表面烤的焦香再保存，
就算經過一段時間風味也很棒。

價格　75元

菠菜與鮮菇的鹹派

以豆腐增加份量，保持鬆軟的口感。只要是水分不多的蔬菜，幾乎都可以放入材料中，非常推薦使用冰箱中剩下的蔬菜製作。

材料（便於操作的份量）

嫩豆腐	1塊（300g）
菠菜	½把
鴻禧菇	1袋

A	雞蛋	4個
	牛奶	4大匙
	高湯粉	2小匙
	胡椒	少許

| 奶油 | 10g |
| 沙拉油 | 1大匙 |

| B | 披薩醬（市售品）、乾燥巴西利葉 …… 各適量 |

作法

1 ▶ 豆腐以廚房紙巾包妥。將豆腐置於耐熱容器中，以微波爐（600w）加熱5分鐘左右。靜置降溫，以新的廚房紙巾擦乾多餘水分。菠菜切成3cm小段、鴻禧菇剝成小朵。

2 ▶ 將步驟1的豆腐與材料A置於缽盆中大略的混合均勻。

3 ▶ 將奶油置於平底鍋中以中火熱，放入菠菜、鴻禧菇拌炒2分鐘左右，起鍋放入步驟2的缽盆中混合均勻。

4 ▶ 將平底鍋略略擦乾淨後倒入沙拉油以中火加熱，將步驟3以調理筷大略攪拌4次左右，讓蛋液與材料混合後下鍋，將材料整形成圓型以小火煎2分鐘左右，翻面後繼續煎2分鐘，切成喜歡的大小放入保存容器中，淋上材料B。

豆腐天麩羅

鬆軟的豆腐餡加上容易剩在冰箱裡的紅薑與三葉菜，不僅口感變好風味也更佳。佐以天麩羅醬享用。

材料（便於操作的份量）

木棉豆腐	1塊（300g）
紅薑	30g
三葉菜	½把

A	雞蛋	1個
	低筋麵粉	4大匙
	和風高湯粉	1大匙

| B | 天麩羅粉、水 …… 各5大匙 |

| 沙拉油 | 適量 |

| C | 日式柴魚風味醬油（2倍濃縮）、熱水 …… 各6大匙 |

作法

1 ▶ 豆腐以廚房紙巾包妥。將豆腐置於耐熱容器中，以微波爐（600w）加熱5分鐘左右。靜置降溫，以新的廚房紙巾擦乾多餘水分後以手捏碎豆腐。三葉菜切成3cm左右小段。

2 ▶ 將步驟1、紅薑、材料A置於缽盆中充分混合均勻，等分成8等分捏成球狀，蘸上混合均勻的材料B。

3 ▶ 將沙拉油倒入鍋中，份量為4cm深，以中火加熱，放入步驟2，不時翻動油炸5分鐘左右，享用時在以混合均勻的材料C。

活用剩下的蔬菜，用平底鍋做非常簡單！

價格 48元

調理時間 18分

保存期間 冷藏保存5日

調理時間 19分

保存期間 冷藏保存5日

價格 43元

加了紅薑就有了關西風的感覺

油豆腐

油炸後的豆腐風味濃郁，口感紮實份量也足夠。不需要去瀝水的工序，大幅節省時間！

口感就像肉類一樣紮實，當作主菜也沒問題。

調理時間 **17**分　保存期間 冷藏保存**5**日

醬汁漬泡的時間越久越入味。　價格　**46**元

價格　**42**元

調理時間 **10**分　保存期間 冷藏保存**5**日

中華風南蠻油豆腐

微辣的風味最下飯了。油豆腐切成大塊份量足夠，切成小塊容易入味。請切成自己喜歡的尺寸。

材料（便於操作的份量）

油豆腐（正方形）… 4片

A

　珠蔥（切末）… 2根
　柑橘醋醬油…5大匙
　砂糖、胡麻油
　　……… 各2大匙
　炒熟的白芝麻
　　………… 1大匙
　薑泥（市售軟管狀）
　　…………3cm
　紅辣椒（切小圈）
　　…………½根

作法

1 ▶ 油豆腐每片各切成4等分的正方形，以烤箱（1000W）烤10分鐘左右，靜置冷卻。

2 ▶ 將步驟1置於保存容器中，淋上充分混合均勻的材料A。

酥炸油豆腐佐BBQ醬

油豆腐裹上麵衣酥炸後，醬汁吸附能力大幅提昇。冰箱裡現有材料簡單做成的醬汁，是讓人有點小驕傲道地的BBQ風味。

材料（便於操作的份量）

油豆腐（正方形）… 4片
低筋麵粉………4大匙
沙拉油………… 4大匙

A

　味醂、番茄醬
　　……… 各3大匙
　中濃豬排醬…2大匙
　蒜泥（市售軟管狀）
　　…………3cm
　辣椒粉（或以一味粉替代）……少許

作法

1 ▶ 油豆腐各切成4等分長方形。與低筋麵粉一同放入塑膠袋中。緊握袋口晃動塑膠袋，讓低筋麵粉均勻沾在油豆腐上。

2 ▶ 將沙拉油倒入平底鍋中，以中火加熱，放入步驟1不時翻動煎6分鐘左右，放入材料A混合均勻。

放在白飯上，就是廣受好評的大份量丼飯

以蠔油簡單做出好味道！

價格 69元

價格 40元

油豆腐煮青花魚罐頭

與生鮮的青花魚不同，青花魚味噌罐頭不需要去除腥味，
只需要和其他食材一同下鍋即可。做好第3天以後特別好吃！

材料（便於操作的份量）

油豆腐（正方形）… 4片
青花魚味噌罐頭
　………… 1罐（190g）
生薑…………… ¼塊
珠蔥…………… 2根

A｜水 ………… 150ml
　｜醬油 ……… 1大匙
　｜和風高湯粉· ½小匙

作法

1 ▸ 油豆腐厚度對半剖開後，
對角線切開，切成4等分
的三角型。生薑切成薄
片。珠蔥切成4cm小段。

2 ▸ 將步驟1中的油豆腐、生
薑片、材料A，青花魚味
噌罐頭連同湯汁放入鍋
中，以中火煮10分鐘左
右。煮好之後加入蔥段混
合均勻。

蠔油風味炒油豆腐佐青江菜

將油豆腐切成薄片下鍋炒，會讓人有份量暴增的划算滿意度。
青江菜會產生水分，所以勾芡避免菜湯稀釋味道。

材料（便於操作的份量）

油豆腐（正方形）… 4片
青江菜 ………… 2株
胡麻油 ………… 3大匙

A｜水 ………… 4大匙
　｜蠔油 ……… 2大匙
　｜太白粉 …… 1小匙

作法

1 ▸ 油豆腐各自對半切開後，
各切成1cm厚片。青江
菜長度對半切開。

2 ▸ 將胡麻油放入平底鍋中，
以中火加熱放入油豆腐拌
炒5分鐘左右。放入青江
菜繼續拌炒3分鐘左右，
放入混合好的材料A收乾
湯汁。

油豆皮

油豆皮有油脂的美味，也容易吸附湯汁，隨著時間風味越來越好！

享用時打個蛋花也不錯

調理時間	保存期間
17分	冷藏保存4日

價格　85元

就像是小料理店裡端出的料理！
就算是節省經費也很豪華的菜色。

調理時間	保存期間
20分	冷藏保存5日

價格　46元

小蝦子福袋

以小松菜增加蝦仁的份量。油豆皮吸滿了美味的湯汁，
夏天吃冷的，冬天熱熱的吃，都很美味。

材 料（8個）
油豆皮（長方形）… 4片
蝦仁 ……………… 150g
小松菜 …………… ¼把

A| 水 ………400ml
　| 日式柴魚風味醬油
　| （2倍濃縮）‥5大匙

作 法

1 ▶ 油豆皮各別對半切開，打開切口做成袋狀。小松菜切成2cm小段。

2 ▶ 將1個油豆皮袋子裝入份量的小松菜與蝦仁，開口處用牙籤固定封起來。

3 ▶ 將步驟2與材料A放入鍋中，蓋上落蓋以中火煮10分鐘左右。

韓式白菜油豆皮辣湯

以油豆腐皮為主角做成韓式辣湯風味。
是可以搭配烏龍麵、烤年糕或者做成鹹粥的重要菜色。

材 料（便於操作的份量）
油豆皮（長方形）… 4片
白菜 ……………… ⅙個
韭菜 ……………… 1把

A| 水 ………400ml
　| 味醂 ……… 2大匙
　| 雞高湯粉、韓式
　| 　辣椒醬…各1大匙
　| 蒜泥（市售軟管狀）
　| …………… 4cm

作 法

1 ▶ 將油豆皮、白菜各切成2cm寬，韭菜切成4cm小段。

2 ▶ 將材料A與步驟1通通放入鍋中以大火加熱，煮滾之後轉小火煮15分鐘左右熄火，放涼。

CHAPTER 4

雞蛋
為主角的常備菜

特賣時一盒雞蛋(10個)只要27元,非常划算!
是我們這種大家庭不可或缺的食材。
(我們家3天用量是2盒⋯)
使用雞蛋的料理一次做好,菜色有點空虛的日子就可以用來增加份量。
在忙碌的早晨裡,當作便當的菜色使用也非常有幫助。

中華風筍干滷蛋

使用市售的筍干簡單做成。隨著時間滷蛋也有了筍干的味道，
非常好吃！搭配蔥與炒熟的白芝麻讓風味提升。
連同湯汁搭配麵條，就是中華冷麵。

材料（10個）

水煮蛋（※）‥‥‥‥‥ 10個
調味過的筍干 ‥‥‥ 115g
青蔥‥‥‥‥‥‥‥‥ ½根
生薑‥‥‥‥‥‥‥‥ ¼塊

A
砂糖、醬油‧各3大匙
醋、伍斯特醬
‥‥‥‥ 各2大匙
胡麻油‥‥‥‥ 1大匙

炒熟的白芝麻 ‥‥‥ 1大匙

作法

1 ▶ 青蔥斜切成6cm長薄
片，生薑切成細絲。

2 ▶ 將材料A步驟1放入耐
熱容器中，以微波爐
（600W）加熱30秒。

3 ▶ 將水煮蛋、步驟2筍
干、炒熟的白芝麻放
入保存容器中，覆蓋一
層廚房紙巾貼住水煮蛋
保存。

※水煮蛋的作法
以大火煮沸一大鍋水。水
滾之後放入雞蛋，煮9分
鐘左右泡冷水剝殼。

 調理時間 **4**分

 保存期間 冷藏保存**7**日

和風咖哩蛋

以咖哩粉搭配中濃豬排醬做成大人喜歡的味道。
材料中也放了日式柴魚風味醬油，搭配白飯也很下飯。
咖哩粉的份量依照喜好調整。

材料（10個）

水煮蛋（※）‥‥‥‥‥ 10個

A
水 ‥‥‥‥‥‥ 100ml
日式柴魚風味醬油
（2倍濃縮）‥‥ 4大匙
中濃豬排醬 ‥‥ 2大匙
砂糖 ‥‥‥‥‥ 1大匙
咖哩粉 ‥‥ 1又½小匙

作法

1 ▶ 將材料A放入耐熱容器
中，以微波爐（600w）
加熱40秒。

2 ▶ 將水煮蛋、步驟1放入
保存容器中，覆蓋一層
廚房紙巾貼住水煮蛋
保存。

 調理時間 **3**分

 保存期間 冷藏保存**7**日

照燒醬水煮蛋

就算不浸泡也很容易入味的照燒醬。
隨著時間風味越濃郁。一個禮拜後更具特別的美味。

材料（10個）

水煮蛋（※）‥‥‥‥‥ 10個

A
醬油 ‥‥‥‥‥ 5大匙
砂糖 ‥‥‥‥‥ 4大匙
味醂 ‥‥‥‥‥ 1大匙

作法

1 ▶ 將材料A放入平底鍋中
以中火加熱，湯汁開始
沸騰時放入水煮蛋，煮
至湯汁晶亮附著於水煮
蛋上。

 調理時間 **5**分

 保存期間 冷藏保存**7**日

鹽味蔥蛋

是參考之前介紹過的炸雞鹽蔥醬變化出的菜色，
與水煮蛋搭配也很棒。在攝影棚裡廣受好評。

材料（10個）

水煮蛋（※）‥‥‥‥‥ 10個
珠蔥‥‥‥‥‥‥‥‥ 2根

A
胡麻油‥‥‥‥ 2大匙
雞高湯粉 ‥‥‥ 1大匙
鹽 ‥‥‥‥‥ ¼小匙
蒜泥（市售軟管狀）
‥‥‥‥‥‥ 4cm
胡椒 ‥‥‥‥‥ 少許

作法

1 ▶ 珠蔥切末。

2 ▶ 將水煮蛋、步驟1，材
料A通通放入塑膠袋
中，輕輕按摩讓整體入
味。封妥袋口，連同塑
膠袋放入保存容器中。

 調理時間 **3**分   保存期間 冷藏保存**7**日

改變滷蛋的味道，
嶄新的中華風

不需要時間，
做好馬上可以享用

美味充滿的鹽蔥醬
讓人上癮

與馬鈴薯沙拉
變化新風味重點

撒上海苔絲增添風味，變成溫柔的滋味

將煮汁淋在飯上也很美味喔！

價格	40元	調理時間	保存期間
		12分	冷藏保存4日

價格	57元	調理時間	保存期間
		23分	冷藏保存5日

山藥日式蛋卷

加了山藥泥做成溫和口味的煎蛋卷。材料裡的山藥讓蛋卷就算是冷冷的吃也很Q彈。如果沒有日式柴魚風味白醬油，用日式柴魚風味醬油替代也可以。

材料（便於操作的份量）

雞蛋‥‥‥‥‥‥‥‥6個
山藥‥‥‥‥‥‥‥‥100g
珠蔥‥‥‥‥‥‥‥‥2根
　　水‥‥‥‥‥‥2大匙
　　日式柴魚風味白醬
A　　油、味醂‥各1大匙
　　太白粉‥‥‥‥2小匙
沙拉油‥‥‥‥‥‥2大匙
海苔絲‥‥‥‥‥‥適量

作法

1 ▶ 山藥磨成泥。珠蔥切末。

2 ▶ 將雞蛋打成蛋液加入步驟1與材料A混合均勻。

3 ▶ 取直徑26cm的平底鍋加入1大匙沙拉油

以中火加熱，倒入半量的步驟2，靜待邊緣蛋液凝固。以調理筷大面積的攪拌約5次後，繼續煎40秒左右，以調理筷從邊緣將煎蛋卷向內側，捲成蛋卷之後，將捲好的蛋卷靠在鍋子邊緣。

4 ▶ 將平底鍋整體塗上一層薄薄的沙拉油，將剩下蛋液的半量倒入鍋中，一樣從邊緣將煎蛋朝內側捲起，最後倒入剩下的蛋液，重複同樣方式捲成蛋卷。

5 ▶ 步驟4冷卻後，切成便於取用的大小放入保存容器中，撒上海苔絲。

咖哩風味福袋蛋

油豆腐皮與雞蛋的組合，變成了口感非常好的福袋。
調成咖哩味，孩子們也很喜歡！
做成便當菜時，先把牙籤取下後再放入便當盒中。

材料（10個）

雞蛋‥‥‥‥‥‥‥‥10個
油豆腐皮（長方形）‥5片
　　水‥‥‥‥‥‥400ml
　　砂糖、醬油
A　　‥‥‥‥各3大匙
　　和風高湯粉、咖哩粉
　　‥‥‥‥各1小匙

作法

1 ▶ 油豆腐皮對半切開後，剝開內層做成袋狀，將雞蛋打入袋中以牙籤固定封口。

2 ▶ 將材料A置於鍋中以中火加熱，煮滾後轉小火，將步驟1開口朝上整齊放入鍋中。鬆鬆的蓋上一層鋁箔紙煮8分鐘左右。

炸蛋跟水煮蛋或荷包蛋不同。
是多了一點小功夫的雞蛋料理

做成蛋卷的炒麵是小兒子最喜歡的料理了！

調理時間	保存期間
14分	冷藏保存5日

調理時間	保存期間
13分	冷藏保存4日

炒麵蛋卷

準備攝影時用來試吃的蛋卷一做好，四歲的小兒子
比工作人員還要搶先吃(笑)。蛋卷裡面包了炒麵，份量滿分。
兒子們都很喜歡。

材料（便於操作的份量）

炒麵用熟麵條⋯⋯⋯1份
高麗菜⋯⋯⋯⋯⋯⅛個
雞蛋⋯⋯⋯⋯⋯⋯6個

A
紅薑⋯⋯⋯⋯⋯20g
和風高湯粉、美乃滋
⋯⋯⋯⋯各1大匙
沙拉油⋯⋯⋯⋯3大匙

B
大阪燒醬、海苔粉
⋯⋯⋯⋯各適量

作法

1▶ 將麵條切成2～3cm
長度，高麗菜切絲。

2▶ 將雞蛋打入缽盆
中，加入材料A充分
混合均勻。

3▶ 以直徑26cm的平底
鍋加入1大匙沙拉

油，以中火加熱，放
入高麗菜拌炒3分鐘左
右，放入麵條拌炒1分
鐘左右，將鍋中材料倒
入步驟2的缽盆中混合
均勻。

4▶ 將剩下的沙拉油倒入平
底鍋中以中火加熱，倒
入步驟2的蛋液，靜待
邊緣蛋液凝固。以調
理筷大面積的攪拌約
5次後，繼續煎40秒左
右，以調理筷從邊緣將
煎蛋捲向內側，捲成
蛋卷。

5▶ 步驟4冷卻後，切成便
於取用的大小放入保存
容器中，撒上材料B。

炸蛋佐蠔油美乃滋

蠔油與美乃滋飽滿的滋味，加上炸蛋的濃郁
變成一道非常有存在感的料理。
不論是搭配沙拉，或是放進飯盒多一道便當菜，都非常方便。

材料（便於操作的份量）

雞蛋⋯⋯⋯⋯⋯⋯10個

A
蠔油、美乃滋
⋯⋯⋯各3大匙
沙拉油⋯⋯⋯⋯⋯適量

作法

1▶ 將沙拉油倒入鍋中，油
量約4cm深左右以中火
加熱，先將雞蛋打入容
器中，緩緩的放入油鍋
裡，各炸2分鐘左右。

2▶ 放入保存容器中，淋上
混合均勻的材料A。

王道！螃蟹炒蛋

一次做好常備起來，就是一道非常省事的午餐！只要有這道菜，就算是天津飯也瞬間可以做好。推薦給媽媽一個人的時候當午餐享用。

材 料（便於操作的份量）

雞蛋⋯⋯⋯⋯⋯⋯ 6個
蟹味棒 ⋯⋯⋯ 1包（80g）

A 雞高湯粉、胡麻油
各1小匙

沙拉油 ⋯⋯⋯⋯ 2大匙

B 水 ⋯⋯⋯⋯⋯150ml
醋 ⋯⋯⋯⋯⋯ 3大匙
砂糖 ⋯⋯⋯⋯ 2大匙
太白粉、醬油
各1大匙

作 法

1 ▶ 將蟹味棒剝開。

2 ▶ 將雞蛋打入缽盆中加入材料A充分混合

3 ▶ 均勻。
取直徑26cm的平底鍋加入沙拉油以中火加熱，倒入步驟2，靜待邊緣蛋液凝固。以調理筷大面積的攪拌約5次後，整形成圓型。

4 ▶ 取一盤子蓋在平底鍋上，翻面將煎好的蛋倒出來後，再將蛋以輕滑的方式放回鍋中，繼續煎3分鐘左右。

5 ▶ 以同一個平底鍋放入混合好的材料B以中火加熱，一邊加熱一邊攪拌至產生稠度。

6 ▶ 將步驟4切成便於享用的大小放入保存容器中，淋上步驟5。

燒肉風味蛋炒麵麩

以麵麩與雞蛋做成的蛋炒麵麩。比起原產地沖繩所使用的車輪麵麩，使用小的麵麩製作更划算。麵麩有吸收湯汁的特性，是非常下飯的菜色。

材 料（便於操作的份量）

雞蛋⋯⋯⋯⋯⋯⋯ 5個
麵麩⋯⋯⋯⋯⋯⋯15g
韭菜⋯⋯⋯⋯⋯⋯ ½把
豆芽⋯⋯⋯⋯⋯⋯ 1包
胡麻油 ⋯⋯⋯⋯ 2大匙
燒肉醬（市售）⋯⋯ 6大匙

作 法

1 ▶ 將雞蛋打散。麵麩泡水還原，擰乾水分。韭菜切成5cm長。

2 ▶ 將1大匙胡麻油倒入鍋中以中火加熱。將步驟1的雞蛋倒入鍋中以調理筷拌炒，炒成大塊的炒蛋取出。

3 ▶ 將平底鍋裡的殘渣等擦乾淨，倒入剩下的胡麻油以中火加熱，放入豆芽、韭菜拌炒3分鐘左右，將步驟2放回鍋中加入燒肉醬拌炒均勻後，放入麵麩拌炒。

大家都喜歡的味道，用蟹味棒取代螃蟹罐頭製作。

將沖繩的麵麩炒蛋，以燒肉醬變化口味

調理時間 12分　保存期間 冷藏保存5日　價格 35元

價格 39元　調理時間 12分　保存期間 冷藏保存5日

玉米濃湯風味培根蛋卷

加入玉米濃湯粉，不需要另外調味，孩子們也非常喜歡，優點說不盡。更有正統蛋卷的培根鹹味與鮮味。

材料（4個）

雞蛋⋯⋯⋯⋯⋯⋯ 8個
培根（半片）⋯⋯⋯ 4片

A
　即食奶油玉米濃湯包
　⋯⋯1包（1杯份）
　玉米粒（冷凍）⋯⋯20g
　牛奶⋯⋯⋯⋯ 4大匙
　鹽、胡椒⋯⋯各少許

沙拉油⋯⋯⋯⋯⋯ 4大匙
乾燥巴西利葉⋯⋯⋯適量

作法

1 ▶ 培根切成5mm寬。

2 ▶ 將雞蛋打入缽盆中加入步驟1與材料A混合均勻。

3 ▶ 將1大匙沙拉油倒入平底鍋以中火加熱，將¼步驟2的蛋液倒入鍋中。靜待邊緣蛋液凝固。以調理筷大面積的攪拌約5次加熱20秒左右之後朝內捲，整形成蛋卷形狀。剩下的蛋液也以同樣方式捲好。

4 ▶ 裝入保存容器中撒上乾燥巴西利葉。

韭菜泡菜蛋卷

先生的定番便當菜，會做好常備。微辣的口味讓食慾大增（也不知道如果食慾比現在更好是不是一件好事（笑））。蛋卷有泡菜炒豬肉片般的風味。

材料（便於操作的份量）

雞蛋⋯⋯⋯⋯⋯⋯ 6個
韓國白菜泡菜⋯⋯⋯ 100g
韭菜⋯⋯⋯⋯⋯⋯ ¼把

A
　雞高湯粉、胡麻油
　⋯⋯⋯⋯各2小匙

沙拉油⋯⋯⋯⋯⋯ 1大匙

作法

1 ▶ 將泡菜切碎後擰乾湯汁，韭菜切成2cm長。

2 ▶ 將雞蛋打入缽盆中加入步驟1與材料A充分混合均勻。

3 ▶ 取直徑26cm的平底鍋加入1小匙沙拉油以中火加熱，倒入半量的步驟2，靜待邊緣蛋液凝固。以調理筷大面積的攪拌約5次後，繼續煎40秒左右，以調理筷從邊緣將煎蛋捲向內側，捲成蛋卷之後，將捲好的蛋卷靠在鍋子邊緣。

4 ▶ 將½剩下的蛋液倒入鍋中，以步驟3的方式製作蛋卷。

5 ▶ 靜待步驟4降溫後，切成便於享用的大小後放入保存容器中保存。

做成迷你蛋卷當作便當菜也很方便

調理時間 12分　保存期間 冷藏保存5日　價格 47元

價格 56元　調理時間 18分　保存期間 冷藏保存4日

微辣的韓風蛋卷

用優格替代奶油乳酪

保存期間
冷藏保存 **5**日

價格 **49**元

YU 媽媽的節約甜點

就算是不擅長做甜點的人也會做的前提下，簡單甜點的提案。
不僅容易做，製作成本也遠遠低於市售商品。

輕乳酪蛋糕風味水切優格奶酪

使用水切優格做出奶油起司般濃郁的風味。水果醬使用家中剩餘的果醬代替。以優格取代奶油起司

材 料（700ml保存容器1個）

原味優格（無糖）		500g
A	水	1大匙
	吉利丁粉	5g
B	牛奶	150ml
	細白砂糖	3大匙
	草莓果醬（市售品）	3大匙
C	水	2大匙
	細白砂糖	1大匙

作法

1 ▶ 將優格放在墊有廚房紙巾的濾網上，靜置10分鐘左右，濾除多餘水分。

2 ▶ 取較小的容器調勻材料A，讓吉利丁還原。

3 ▶ 將材料B置於耐熱容器中，不需要覆蓋保鮮膜，以微波爐（600w）加熱1分30秒，加入步驟2混合均勻。加入步驟1以攪拌器快速攪拌均勻，倒入保存容器中，靜置於冷藏室中1個鐘頭使其凝固。

4 ▶ 將材料C置於耐熱容器中，以微波爐（600w）加熱30秒，放涼備用。

5 ▶ 將步驟3以容器裝盛淋上步驟4。

以小烤箱製作的卡士達布丁

以小烤箱製作的大型布丁。
最後才淋上焦糖醬，
不會沾黏模子事後清洗也很輕鬆。

材 料（600ml保存容器1個）

A	雞蛋	2個
	細白砂糖	3大匙
	香草精	3滴
牛奶		400ml
焦糖醬（市售品・喜歡的品牌）		適量

作 法

1 ▶ 將材料A置於缽盆中以攪拌器混合均勻後加入牛奶混合。

2 ▶ 保存容器塗上沙拉油（份量外），倒入過濾好的步驟1，覆蓋上鋁箔紙。

3 ▶ 將步驟2放在較大的托盤上倒入熱水，水量約為保存容器的一半高。再放在烤盤上（※請參考**point**照片）以1000W烤15分鐘左右，直接靜置20分鐘左右以餘熱加熱。

4 ▶ 取出步驟3大略的降溫，靜置於冷藏室中1個鐘頭。以容器裝盛淋上適量的焦糖醬後享用。

Point

保存期間
冷藏保存 **3**日

用小烤箱做的布丁完成囉！

價格 **19**元

以微波爐製作的吐司脆片 大蒜奶油＆肉桂糖口味

以小烤箱需要烤１個鐘頭才能烤出酥脆的口感，使用微波爐僅需２分鐘！亦可用來消化乾掉的吐司麵包。

價格 各19元

使用微波爐就能產生酥脆的口感。

保存期間
密封保存**2**週

材 料（容易操作的份量）

吐司麵包（半條切4片）‥2片

★**大蒜奶油**

A｜奶油 ‥‥‥‥‥‥‥‥ 30g
　｜蒜泥（市售軟管狀）‥ 3cm

乾燥巴西利葉 ‥‥‥‥‥ 適量

★**肉桂糖**

　｜奶油‥‥‥‥‥‥‥‥ 30g
B｜細白砂糖 ‥‥‥‥‥ 2大匙
　｜肉桂粉‥‥‥‥‥‥ 1小匙

作 法

1 ▸ 吐司麵包縱橫各切4等分，共計切成32塊。

2 ▸ 將半量的步驟1吐司麵包不要重疊、平鋪在以廚房紙巾鋪好的耐熱容器上（※請參考**point**照片）不要覆蓋保鮮膜，以微波爐（600W）加熱1分50秒左右，移除廚房紙巾將吐司翻面後，不要覆蓋保鮮膜，以微波爐（600W）加熱1分50秒左

右。大略的降溫以手輕壓，如果吐司麵包依舊柔軟繼續微波20秒。剩下的吐司也以同樣方式處理。

3 ▸【大蒜奶油吐司脆片】。將材料**A**放入耐熱缽盆中，不要覆蓋保鮮膜，以微波爐（600W）加熱30秒，加入半量的步驟2混合均勻後，平鋪在以耐熱容器上，不要覆蓋保鮮膜，以微波爐加熱50秒，最後撒上乾燥的巴西利葉子。

4 ▸【肉桂糖吐司脆片】。將奶油放入耐熱缽盆中，不要覆蓋保鮮膜，以微波爐（600W）加熱30秒，加入剩下的步驟2混合均勻後，平鋪在以耐熱容器上，不要覆蓋保鮮膜，以微波爐加熱50秒，最後撒上材料**B**。

Point

蜂蜜檸檬蘇打果凍

酸甜滑嫩的果凍與充滿氣泡蘇打的組合讓人感到快樂！
也可以做成水果雞尾酒。

價格 51元

材 料（600ml保存容器1個）

A｜蜂蜜 ‥‥‥‥‥‥‥ 3大匙
　｜檸檬汁‥‥‥‥‥‥ 3大匙

B｜水 ‥‥‥‥‥‥‥‥ 1大匙
　｜粉狀吉利丁 ‥‥‥‥‥ 5g

汽水‥‥‥‥‥‥‥‥‥ 250ml

C｜汽水、檸檬片、薄荷葉
　｜‥‥‥‥‥‥‥‥ 各適量

作 法

1 ▸ 將材料A放入耐熱缽盆中，不要覆蓋保鮮膜，以微波爐（600W）加熱1分鐘左右。

2 ▸ 取較小的耐熱容器調勻材料**B**，讓吉利丁還原。不要覆蓋保鮮膜，以微波爐（600W）加熱15秒左右。加入裝有步驟1的容器中混合均勻，少量加入汽水以橡皮刮刀混合。

3 ▸ 將步驟2倒入保存容器中，置於冷藏室中靜置1個鐘頭，冷卻凝固。

4 ▸ 將步驟3以容器裝盛加入材料C。

保存期間
冷藏保存**5**日

以玻璃杯盛裝上桌，
如同置身咖啡館。

煉乳牛奶冰～佐橘子～

材料非常簡單，煉乳的奶香與甜蜜是懷舊又清爽的美味。
佐以喜歡的水果，不論是鳳梨或者草莓等都會讓美味更添樂趣

保存期間
冷凍保存 **3** 週

價格 **54** 元

材料（製冰盒2個，24個）

A | 牛奶 ………… 250ml
A | 煉乳 ………… 100g
橘子罐（瀝乾汁液）…… 24瓣

Point

作法

1 ▶ 將材料**A**放入耐熱缽盆中，不要覆蓋保鮮膜，以微波爐（600W）加熱2分鐘左右，充分混合均勻大略的降溫。

2 ▶ 將1格製冰格放入1瓣橘子（※請參考**point**照片），注入步驟1，靜置於冷凍室中至少5個鐘頭以上冷卻凝固。

一口地瓜

以在甜點店購入1個甜地瓜點心的價格當材料費，
就可以做出很多低成本的小點心，味道濃郁做成一口大小最適合。

保存期間
冷藏保存 **5** 日　冷凍保存 **1** 個月

也可以裝進便當裡當作點心

價格 **68** 元

材料（20個）

地瓜 ………… 2條（500g）
A | 細白砂糖 ……… 3大匙
A | 奶油 ………… 25g
蛋液 ………… 1個份
炒熟的黑芝麻 ……… 適量

作法

1 ▶ 地瓜去皮切成1口大小，泡水5分鐘後瀝乾。

2 ▶ 將步驟1置於耐熱容器中，鬆鬆的覆蓋上保鮮膜，以微波爐加熱（600W）9分鐘左右，趁熱以叉子搗成泥，加入⅔份量的蛋液後，以橡皮刮刀攪拌至滑順。

3 ▶ 將步驟2等分成20份後捏成圓餅狀。

4 ▶ 將烤盤塗上沙拉油（份量外），步驟3整齊排放在烤盤中，以刷子刷上剩下的蛋液後撒上少許黑芝麻並且輕輕壓緊。以小烤箱（1000W）烤10分鐘左右。

菠蘿吐司

這是在『NHK』電視節目中所介紹的食譜，
以吐司就可以簡單製作出菠蘿麵包的口感，非常棒！

保存期間
烤好之後常溫 **3** 天

非常簡單就可以做成的菠蘿麵包，簡單又愉快！

價格 **34** 元

材料（市售吐司麵包6片）

奶油 ………… 50g
A | 低筋麵粉 ……… 120g
A | 砂糖 ………… 70g
蛋液 ………… 1個份
細白砂糖 ………… 適量
吐司麵包 ………… 6片

Point

作法

1 ▶ 將奶油置於耐熱容器中，覆蓋上保鮮膜，以微波爐（600W）加熱20～30秒，至奶油完全融化。

2 ▶ 將材料**A**放入缽盆中，以湯匙充分攪拌均勻，加入蛋液大略的混合均勻。

3 ▶ 等分步驟2，平均塗在吐司上，撒上細白砂糖，以餐刀在表面畫出格子狀。置於鋁箔紙上，以4邊包妥吐司邊（※請參考**point**照片）。以小烤箱（900W）烤10分鐘左右，至表面上色。

CHAPTER 5

蔬菜
為主角的常備菜

在產季或者大特賣的時候大量購入，但很少能夠用完的蔬菜們。

在這本書當中，最希望大家試做的，就是這部分蔬菜的料理。

可以解決平日蔬菜攝取不足的問題，對於單身生活的人也很推薦。

以下是搭配肉類主食，優秀的蔬菜食譜。

高麗菜

非常有份量，產季的時候27元就可以買一顆的節約好幫手。
花點心思讓份量增加，而且百吃不膩。

連調味用的昆布也吃的一點不剩

調理時間	保存期間
23分	冷藏保存7日

價格　32元

高麗菜小黃瓜的千層漬物

餐桌上有點小空虛時候，端出這道非常方便。淺漬風味的菜餚，不時將容器內的漬物上下翻動，就可以均勻入味。如果馬上想吃的話，請靜置20分鐘以上。

材料（便於操作的份量）

高麗菜	¼個
小黃瓜	2條
鹽	2小匙
昆布絲	25g
A｜砂糖、醋	各3大匙

作法

1 ▸ 高麗菜去芯切成方便享用的大小。小黃瓜切成薄片。

2 ▸ 將高麗菜與小黃瓜個別裝入不同的塑膠袋中，各加入半量的鹽。以塑膠袋充分揉捏，擠出空氣封好袋口靜置15分鐘後，擰乾多餘的水分。

3 ▸ 將步驟2的高麗菜小黃瓜，與昆布絲，依照順序分層疊成2層。蓋上廚房紙巾淋上混合均勻的材料A直接保存。

和風醋拌高麗菜

高麗菜簡單燙過之後，加上大量的和風醋。恰到好處的口感非常美味，令人忍不住一口接一口。清淡的風味是非常好的配菜。

材料（便於操作的份量）

高麗菜	¼個
A｜熱開水	400ml
｜壽司醋（市售品）	4大匙
｜和風高湯粉	1小匙

作法

1 ▸ 將材料A置於耐熱容器中混合均勻，放涼備用。

2 ▸ 高麗菜切成5mm細絲，以熱開水浸泡20秒左右，攤放在托盤上降溫，擰乾水分。

3 ▸ 將步驟2放入保存容器中，加入步驟1。

價格　7元

調理時間	保存期間
11分	冷藏保存7日

我推薦第1天吃，我先生則是推薦第3天吃（笑）

這是讓少女時代非常討厭蔬菜的我

開始喜歡蔬菜的一道菜

<table>
<tr><td>調理時間
8分</td><td>保存期間
冷藏保存4日</td><td>價格　38元</td></tr>
</table>

芝麻風味拌高麗菜與鮪魚罐頭

以略帶甜味的醋加上連同湯汁的鮪魚罐頭，佐以柴魚片就會變成風味溫和的半涼拌菜。再加上一點凸顯風味的黃芥末，就是一道令人欲罷不能的菜色。

材 料（便於操作的份量）

高麗菜 ························· ¼個
鮪魚罐頭（油漬）······· 小1罐（70g）
A｜砂糖、醋 ················ 各3大匙
　｜黃芥末醬（市售軟管狀）····· 3cm
B｜炒過的白芝麻 ··········· 1大匙
　｜柴魚片 ····················· 3g

作 法

1 ▶ 高麗菜切成4cm大小，以熱開水燙2分鐘左右。浸泡在冷水中大略的降溫，瀝乾水分。

2 ▶ 將材料A置於缽盆中混合均勻，加入步驟1一整罐油漬鮪魚罐頭與材料B拌勻。

焦香蒜末醬油炒高麗菜

加了大量的蒜頭與紅辣椒的辣味，給了溫和的蔬菜味覺上的刺激。如果與白切豬肉或者清蒸雞肉混合，又會是一道非常體面的主菜

材 料（便於操作的份量）

高麗菜 ····················· ¼個
大蒜 ······················· 4瓣
A｜胡麻油 ················· 3大匙
　｜紅辣椒 ················· 4根
醬油 ······················ 2大匙

作 法

1 ▶ 高麗菜切成5cm大小，蒜頭切成粗末。

2 ▶ 將材料A、蒜末放入平底鍋中以小火加熱，飄出香味後轉大火，放入高麗菜快炒4分鐘左右，將鍋中的高麗菜撥至鍋邊，在鍋子有空間的地方淋上醬油後快速混合均勻。

高麗菜快速與焦香蒜末醬油混合

<table>
<tr><td>調理時間
11分</td><td>保存期間
冷藏保存4日</td></tr>
</table>

價格　10元

胡蘿蔔

在這邊要介紹降低胡蘿蔔本身特殊的味道，讓它更容易被接受的菜色。用胡蘿蔔豐富色彩單調的餐桌與便當吧。

使用市售的榨菜，
不需要調味＆美味升級

價格　**91**元

調理時間
25分

保存期間
冷藏保存**3**日

胡蘿蔔拌榨菜

胡蘿蔔加上乾白蘿蔔絲增加份量。調味的部分就交給榨菜，有了榨菜的味道就不需要加太多調味料。

材料（便於操作的份量）

胡蘿蔔	2條
調味榨菜（市售品）	100g
乾白蘿蔔絲	35g
A 水	200ml
味醂、醬油	各1大匙
薑泥（市售軟管狀）	3cm

作法

1 ▸ 胡蘿蔔切成5cm細絲。榨菜切絲。乾白蘿蔔絲以大量的水浸泡10分鐘還原後瀝乾水分。

2 ▸ 將材料A置於鍋中以大火煮滾後轉小火，放入步驟1蓋上落蓋煮10分鐘左右。

蜂蜜芥末煮胡蘿蔔絲

加了很多蜂蜜的甜味。就算是不喜歡胡蘿蔔的媽媽朋友也會說：『如果是這種作法我就願意吃』，夾在三明治裡也很美味。

材料（便於操作的份量）

胡蘿蔔	2條
鹽	½小匙
A 蜂蜜	3大匙
醋、芥末籽醬、橄欖油	各2大匙

作法

1 ▸ 胡蘿蔔切成5cm細絲，撒上鹽拌勻之後靜待10分鐘使其軟化，擰乾水分放入缽盆中。

2 ▸ 將材料A放入步驟1中混合均勻。

調理時間
15分

保存期間
冷藏保存**5**日

從第2天之後更入味也更加美味

價格　**10**元

最適合塞進便當空隙的小菜

價格　10元

韓式辣醬變化版
沖繩風炒胡蘿蔔

將沖繩料理的胡蘿蔔炒蛋，以韓式辣醬
變化出另一道菜。
確實的用油將胡蘿蔔的甜味炒出，更添
美味。

材料（便於操作的份量）

胡蘿蔔 ························· 2條
胡麻油 ························· 2大匙
A　韓式辣椒醬 ············· 1大匙
　　雞高湯粉 ················· ½小匙

作法

1 ▸ 胡蘿蔔切絲。
2 ▸ 將胡麻油置於平底鍋中以中火加
　　熱，加入步驟1拌炒5分鐘至軟
　　化，加入材料A充分拌炒均勻。

調理時間
11分

保存期間
冷藏保存5日

高湯煮胡蘿蔔

提到YU媽媽就離不開高湯粉（笑）。將原
本的糖煮胡蘿蔔加上高湯粉調味。不僅
節省了原本材料中需要奶油的份量，稍
微變化過的味道帶來了新鮮感！

材料（便於操作的份量）

胡蘿蔔 ························· 2條
　　水 ····················· 250ml
　　砂糖 ··················· 1大匙
A　西式高湯粉 ············· ½小匙
　　胡椒 ··················· 少許
奶油 ························· 10g

作法

1 ▸ 胡蘿蔔切成2cm圓片。
2 ▸ 將步驟1與材料A放入鍋中，以
　　大火加熱，煮滾後蓋上落蓋，不
　　時打開鍋蓋撈除表面泡渣，煮
　　15分鐘左右。熄火之後加入奶
　　油混合均勻。

甘甜的滋味
我自己就能吃下不少

調理時間
19分

保存期間
冷藏保存5日

價格　10元

茄子

容易入味的特性最適合做成常備菜。
入味之後就不容易變質，
冷掉也很好吃

除了搭配飯，
冷麵也是不錯的選擇

調理時間
13分

保存期間
冷藏保存**5**日

價格　**43**元

高湯炸茄子

入口即化的口感與甜味噌高湯的美味，
僅需這道菜就可以吃好幾碗飯

材料（便於操作的份量）

茄子	3條
沙拉油	適量
A ┌ 水	100ml
├ 日式柴魚風味醬油（2倍濃縮）	2大匙
└ 砂糖、味噌	各1大匙
珠蔥	3根

作法

1 ▶ 茄子切成1口大小滾刀塊。珠蔥切末。

2 ▶ 將沙拉油倒入平底鍋中，油量為1cm高。以中火加熱，放入茄子不時翻動油炸3分鐘左右。

3 ▶ 倒出鍋中沙拉油，轉小火加入材料A不時翻動鍋中材料煮3分鐘左右，最後加入珠蔥混合均勻。

炸茄子
拌柴魚醬油

加入薑泥與醬油攪拌後就能放入冷藏
浸泡入味，隨時都能為便當多一道菜。

材料（便於操作的份量）

茄子	3條
沙拉油	適量
A ┌ 醬油	1又½大匙
└ 薑泥（市售軟管狀）	4cm
柴魚片	適量

作法

1 ▶ 茄子切成2cm厚圓片。

2 ▶ 將沙拉油倒入平底鍋中，油量為1cm高。以中火加熱，放入茄子不時翻動油炸2分30秒左右，起鍋裝入保存容器中。

3 ▶ 將混合好的材料A淋在步驟2上，撒上柴魚片。

公婆也很喜歡這道菜，
軟腴滑口的風味。

調理時間
5分

保存期間
冷藏保存**5**日

價格　**37**元

先用塑膠袋將茄子跟油脂混合均勻，就算是使用少量的油也可以讓茄子料理的鮮嫩多汁。

調理時間
9分

保存期間
冷藏保存**5**日

價格　**35**元

甜醋醬茄子

茄子先裹上油脂之後再烤，就算只使用一點點的油也可以炒的軟爛。這是一道淋在白飯上的菜色，在我們家甜醋芡醬汁的份量會多作一些。

材 料（便於操作的份量）

茄子	3條
胡麻油	2大匙
A　水	200ml
A　柑橘醋醬油	5大匙
A　砂糖	3大匙
A　太白粉	1大匙

作 法

1 ▸ 將茄子縱切對半之後，斜切成2cm厚片。
2 ▸ 將步驟1與胡麻油放入塑膠袋中，大略的揉勻。
3 ▸ 將步驟2置於平底鍋中，以中火加熱拌炒5分鐘左右放入保存容器中。
4 ▸ 以同一個平底鍋放入材料A以中火加熱，混合均勻後製作甜醋醬芡汁，起鍋後淋在步驟3上。

泰式醬泡煎茄子

將平日習慣的烤茄子以魚露調味。如果沒有魚露使用柑橘醋醬油也是一道美味的菜餚(不過就變成和風了(笑))

材 料（便於操作的份量）

茄子	3條
胡麻油	2大匙
A　魚露	3大匙
A　熱水	2大匙
A　大蒜(切末)	4瓣
A　生薑(切末)	⅓塊
A　辣椒粉(如果沒有的話可使用一味粉替代)	適量
A　珠蔥(切末)	2根
A　檸檬汁	1小匙

作 法

1 ▸ 茄子切成2cm的厚片。
2 ▸ 將步驟1與胡麻油放入塑膠袋中，大略的揉勻。
3 ▸ 以小火加熱平底鍋放入步驟2，兩面各煎2分30秒左右後起鍋。
4 ▸ 將材料A放入缽盆中混合均勻加入步驟3。

加了大量的蒜末，
比起軟管的蒜泥更推薦使用新鮮大蒜

調理時間
12分

保存期間
冷藏保存**5**日

價格　**48**元

白蘿蔔

產季的時候使用一整條蘿蔔做起來常備。富含水分，不論做成煮物或漬物都很推薦。

冷熱皆美味

調理時間
24分

保存期間
冷藏保存**4**日

價格 **33**元

中華風白蘿蔔燉櫻花蝦

材料非常簡單，櫻花蝦可以讓高湯味道鮮美，所以會產生有深度的風味，切成大塊的白蘿蔔令人滿足，請與高湯一同享用。

材料（便於操作的份量）

白蘿蔔	·······	½ 條
A	櫻花蝦 ·····················	5g
	水 ·······················	500ml
	酒 ·······················	2大匙
	雞高湯粉 ···················	1大匙
胡麻油 ························		1大匙

作法

1 ▶ 白蘿蔔切成一口大小。

2 ▶ 鍋中放入步驟**1**及**A**，蓋上落蓋以中火加熱20分鐘，完成前加入胡麻油。

香煎蘿蔔

一段時間之後，會產生煮物與烤物兩者優點兼具，不可思議的美味。大蒜的份量多放一些也很好吃。

材料（便於操作的份量）

白蘿蔔 ···············	½ 條（500g）
大蒜 ····················	4瓣
奶油 ····················	10g
柑橘醋醬油 ···············	3大匙

作法

1 ▶ 白蘿蔔切成3cm厚圓片。大蒜切成薄片。

2 ▶ 將白蘿蔔放入耐熱容器中，注意不要重疊，鬆鬆蓋上一層保鮮膜，以微波爐（600w）加熱8分鐘左右，以廚房紙巾擦乾多餘水分。

3 ▶ 將奶油與大蒜放入平底鍋中等到飄出香味後起鍋。

4 ▶ 以同樣一個平底鍋放入步驟**2**兩面各煎3分鐘左右至上色，加入柑橘醋醬油，放回步驟**3**。

確實的將表面煎至焦香，會產生濃郁的風味

調理時間
21分

保存期間
冷藏保存**4**日

價格 **16**元

用白蘿蔔製作最喜歡的紫蘇鹽漬物

價格 25元

調理時間 17分

保存期間 冷藏保存7日

紫蘇鹽漬蘿蔔

紫蘇鹽與青紫蘇的清新讓人停不下筷子。時間越長淡淡的紫色就越漂亮，最適合用來為便當配色。

材料（便於操作的份量）

白蘿蔔 …………………½條
鹽 …………………… ½小匙
A
　青紫蘇葉（切成粗末）
　…………………5片
　砂糖、醋 …… 各5大匙
　赤紫蘇鹽 …… 2小匙

作法

1 ▶ 白蘿蔔切成5cm厚半月形。
2 ▶ 將白蘿蔔、鹽放入缽盆中充分揉過，靜置10分鐘等白蘿蔔軟化。擰乾水分加入材料A。

昆布茶漬白蘿蔔

白蘿蔔用鹽揉過之後，僅加入昆布茶調味，就會非常入味。經過一段時間後味道就會過鹹，為了在保存幾天後也能美味，把蘿蔔切厚一點。

材料（便於操作的份量）

白蘿蔔 …………………½條
A
　昆布茶 …………… 2小匙
　芥末醬（市售軟管）
　…………………… 4cm
炒熟的白芝麻 …… 1大匙

作法

1 ▶ 白蘿蔔切成5mm厚的半月型片狀。
2 ▶ 將步驟1與材料A放入塑膠袋中充分揉捏，擠出空氣封口靜置15分鐘，等待白蘿蔔變軟擰乾水分。加入炒過的白芝麻混合均勻。

加了一點芥末讓味道更提升

調理時間 19分

保存期間 冷藏保存7日

價格 19元

白蘿蔔生薑味噌漬

爽脆的口感令人上癮，忍不住一邊做飯一邊偷捏來吃（笑），也常會使用一整條白蘿蔔一次做好。

材料（便於操作的份量）

白蘿蔔 …………………½條
鹽 …………………… ½小匙
A
　生薑（切絲）…… ½小段
　砂糖 …………… 5大匙
　醋 …………… 4大匙
　味噌 …………… 2大匙
　醬油 …………… 1大匙

作法

1 ▶ 白蘿蔔切成1.5cm厚度，生薑切成細絲。
2 ▶ 將白蘿蔔與鹽放入塑膠袋中充分揉捏，擠出空氣封口靜置15分鐘等待白蘿蔔變軟，擰乾水分。
3 ▶ 將材料A置於缽盆中混合均勻後加入步驟2。

就像吃沙拉一樣清爽的風味

調理時間 16分

保存期間 冷藏保存10日

價格 20元

白菜

清淡的滋味，可以隨喜好添加各種味道。買了一整個白菜之後，第一件要做的事就是先用鹽揉過，之後再簡單的賦予自己喜歡的味道即可。

加了蘋果孩子們就會很喜歡

白菜與蘋果的檸檬沙拉

將白菜做成與洋風料理也很搭的沙拉。
雖然為了防止蘋果變色，加了許多檸檬汁，但是絕對不會太酸。

材料（便於操作的份量）

白菜	⅙個
蘋果	½個
鹽	½小匙

A
砂糖、橄欖油 各3大匙
檸檬汁 2大匙
胡椒 適量

作法

1 ▶ 將白菜切成3cm寬。蘋果切成5mm厚的細絲。

2 ▶ 將白菜與鹽放入塑膠袋中充分揉捏，擠出空氣封口靜置15分鐘等待白菜變軟，擰乾水分。

3 ▶ 將材料A置於缽盆中混合均勻後加入步驟2與蘋果。

調理時間 **23**分

保存期間 冷藏保存**5**日

價格 **22**元

韓國朋友教我連湯汁都可以喝，不會辣的泡菜

價格 **15**元

白菜水泡菜

以水做成發酵液，是一款湯汁較多口味不會辣的泡菜。
以白米促進發酵。隨著發酵時間延長一天比一天更美味。

材料（便於操作的份量）

白菜	¼個
鹽	½大匙
米	2大匙
開水（請煮沸後降溫至40℃）	400ml

A
大蒜 4瓣
生薑 1塊
醋 1大匙
鹽 1小匙

作法

1 ▶ 將白菜切成4cm寬。與鹽一同放入塑膠袋中充分揉捏，擠出空氣封口靜置15分鐘等待白菜變軟，確實擰乾水分。

2 ▶ 米大略的洗淨浸泡在份量的開水中，靜置10分鐘。

3 ▶ 將步驟1放在保存容器中，加入混合均勻的材料A，加入撈除白米後的步驟2（※）。

※ 撈起來的白米在煮飯的時候混合其他米一起煮也OK。

調理時間 **17**分

保存期間 冷藏保存**7**日

胡麻醬白菜沙拉

調味使用了可以充分附著在白菜上的濃稠胡麻醬。
也可以使用高麗菜、小黃瓜、小松菜等自己喜歡的蔬菜製作。

材料（便於操作的份量）

白菜 ················· ¼個
鹽 ················· 1小匙
竹輪 ················ 2根

A
和風柴魚醬油（2倍濃
　縮）、美乃滋各2大匙
胡麻醬 ····· 1又½大匙
炒過的白芝麻 ·· 1大匙

作法

1 ▶ 將白菜切成1cm寬。與
鹽一同放入塑膠袋中充分
揉捏，擠出空氣封口靜置
10分鐘等待白菜變軟，
確實擰乾水分。

2 ▶ 竹輪切成薄片。

3 ▶ 將材料A置於缽盆中混合
均勻後放入步驟1與2。

調理時間
22分

保存期間
冷藏保存4日

加了竹輪讓份量提升！

第2天充分入味
是最好吃的時候

價格 17元

辣白菜

白菜以鹽揉過之後確實擰乾水份，就容易入味，
保鮮時間也會延長。
使用山椒粉調味就會變成和風，使用花椒就會變成中華風味！

材料（便於操作的份量）

白菜 ················· ¼個
鹽 ················· ½小匙
生薑 ················ ¼塊

A
醋 ············· 4大匙
砂糖 ··········· 3大匙
胡麻油 ········· 1大匙
雞高湯粉 ······ ¼小匙
紅辣椒（切小圈）··½根
山椒粉（有的話
　請使用花椒）···· 適量

作法

1 ▶ 將白菜切成3cm寬。與
鹽一同放入塑膠袋中充分
揉捏，擠出空氣封口靜置
15分鐘等待白菜變軟，
確實擰乾水分。

2 ▶ 生薑切末。

3 ▶ 將材料A在缽盆中混合均
勻後加入步驟1、2。

調理時間
22分

保存期間
冷藏保存7日

馬鈴薯

這是我家最受歡迎的食材。飽足感一流，
不會令人感到空虛！是節約料理不可或缺的材料。

充分炒乾馬鈴薯的水分，
就可以做出鬆軟的口感

價格　58元

調理時間
17分

保存期間
冷藏保存5日

咖哩馬鈴薯炒黃豆

大豆加上馬鈴薯，調以微辣的咖哩！醬
汁充分加熱就會帶來強烈的味覺滿足。
如果是做給孩子吃的，也可以用番茄醬
代替咖哩。

材料（便於操作的份量）

馬鈴薯 ················· 6個(600g)
黃豆(水煮) ····················· 200g
橄欖油 ······················· 1大匙
A｜伍斯特醬 ················· 3大匙
　｜蜂蜜 ····················· 1大匙
　｜咖哩粉 ·············· 1又½小匙

作法

1 ▸ 馬鈴薯切成3cm塊狀。

2 ▸ 將步驟1置於耐熱容器中，鬆
　　鬆的覆蓋上保鮮膜，以微波爐
　　（600W）加熱8分鐘左右。

3 ▸ 將橄欖油倒入平底鍋中以中火加
　　熱，放入步驟2與大豆拌炒3分
　　鐘左右，加入材料A繼續拌炒
　　2分鐘。

起司風味馬鈴薯

最適合當作配菜的一道料理，想讓這道
菜變成下飯的菜色，加上了一點醬油調
味，做成蛋卷的內餡材料也很適合。

材料（便於操作的份量）

馬鈴薯 ····················· 6個
A｜起司粉 ················· 2大匙
　｜醬油 ················· 2小匙

作法

1 ▸ 馬鈴薯切成一口大小。

2 ▸ 將步驟1放入鍋中，加入蓋過馬
　　鈴薯的水以大火加熱，水滾了之
　　後轉小火撈除泡渣，煮10分鐘
　　左右。

3 ▸ 倒除鍋中的水以中火加熱，輕晃
　　鍋子將鍋中的水氣煮乾，熄火之
　　後加入材料A。

加了一點點的醬油提味，
與起司的濃郁非常搭配

價格　42元

調理時間
20分

保存期間
冷藏保存5日

撒上披薩用起司進烤箱烤一下，就是最棒的享受。

價格 **33**元

鹽味昆布絲 馬鈴薯沙拉

將剩下的鹽味昆布絲加入馬鈴薯沙拉中，將會非常美味！
吃之前混入一些切成小塊的奶油起司，讓風味更上一層樓。

材料（便於操作的份量）

馬鈴薯 ………………… 6個（600g）

A | 美乃滋 ………………… 4大匙
| 鹽味昆布（細絲）………… 5g

作法

1 ▶ 將馬鈴薯切成1.5cm厚圓片。置於耐熱容器中，鬆鬆的覆蓋上保鮮膜，以微波爐（600W）加熱8分鐘左右。

2 ▶ 將步驟1與材料A放入缽盆混合均勻。

調理時間 **11**分　保存期間 冷藏保存**4**日

大阪燒醬汁風味 可樂餅球

不放入任何絞肉，材料只有馬鈴薯。小巧的一口尺寸，小朋友們也很喜歡。在材料中預先加入大阪燒醬，不需要再淋醬可以直接放入便當裡。

材料（便於操作的份量）

馬鈴薯 ………………… 6個（600g）
大阪燒醬（可以豬排醬替代）‥ 3大匙
A | 低筋麵粉、蛋液、麵包粉 各適量
沙拉油 ……………………… 適量

作法

1 ▶ 將馬鈴薯切成1口大小塊。置於耐熱容器中，鬆鬆的覆蓋上保鮮膜，以微波爐（600W）加熱8分鐘左右。趁熱以叉子搗成泥後加入大阪燒醬。

2 ▶ 將步驟1分成12等分，各做成球狀後，依序蘸上材料A。

3 ▶ 將沙拉油倒入鍋中，油量約4cm深左右以中火加熱，放入步驟2兩面各炸4分鐘，至表面上色。

4 ▶ 起鍋後放入以烘焙紙鋪好的保存容器中。

用小烤箱加熱就會恢復酥脆口感

價格 **33**元

調理時間 **22**分

保存期間 冷藏保存**4**日

小黃瓜

這是一道讓人停不下筷子的下酒菜，所以請在特賣的時候大量購入。小黃瓜鮮度下降很快，買回來請儘速調理。

柴魚味噌小黃瓜

這是會讓人有「光是味噌跟柴魚片，就能產生如此豐富的味道變化嗎?」的一道菜，光是做好當天與第3天之後，味道上就會產生極大的變化。每天倒除小黃瓜生出的水分，就可以延長保鮮時間。

材料（便於操作的份量）

小黃瓜	3條
鹽	¼ 小匙

	味噌	2大匙
A	炒熟的白芝麻	2小匙
	柴魚片	2小袋(5g)

作法

1 ▶ 小黃瓜切成1.5cm圓片。與鹽一同放入塑膠袋中充分揉捏，擠出空氣封口靜置10分鐘等待小黃瓜變軟，確實擰乾水分。

2 ▶ 將材料A與步驟1放入缽盆中混合均勻。

調理時間 **12分**　保存期間 冷藏保存**5日**

隨著時間風味產生變化!

價格　**14元**

享受美味的蛇腹切口感!

價格　**7元**

美味醬汁漬蛇腹切小黃瓜

以大蒜、辣油做成中華風味。為了在做好之後可以馬上享用，特地切成蛇腹狀。不會切的人可能會有點辛苦!?

材料（便於操作的份量）

小黃瓜	3條
鹽	½ 小匙

	柑橘醋醬油	4大匙
	砂糖	2大匙
A	雞高湯粉	¼ 小匙
	蒜泥(市售軟管)	4cm
	辣油	適量

作法

1 ▶ 在砧板上撒鹽，滾動小黃瓜去菁後直接靜置5分鐘。

2 ▶ 將小黃瓜橫放於砧板上，兩側以調理筷夾住，以菜刀切出間隔1～2mm的切口(底部不切斷)。

3 ▶ 將步驟2放入保存容器中，蓋上廚房紙巾緊貼小黃瓜，最後淋上混合好的材料A。

調理時間 **10分**　保存期間 冷藏保存**5日**

番茄

最適合作為盤邊配菜與增加菜餚色彩。
為了讓小朋友也喜歡吃，特別以調味改善番茄的青澀味。

和風油醋漬番茄

以和風高湯、大蒜、加上橄欖油這樣絕妙的組合，
使用質地略硬的番茄，就算經過一段時間形狀依然很漂亮。

材 料（便於操作的份量）

番茄	··················	4個
A	熱水 ·········	150ml
	和風高湯粉 ····	½小匙
B	壽司醋 ·········	3大匙
	橄欖油 ·········	2大匙
	胡椒 ············	少許
	蒜泥（市售軟管狀）	
	············	4cm

作 法

1 ▶ 番茄切成1cm厚圓片。
2 ▶ 將材料A混合均勻後靜置冷卻，加入材料B混合均勻。
3 ▶ 將步驟1排放於保存容器中，倒入步驟2。

調理時間 **8分**

保存期間 冷藏保存**5**日

以壽司醋做出簡單的油醋醬

擺在棍子麵包上，就是美味的
前菜（Bruschetta）

蘿勒橄欖油漬小番茄與櫛瓜

將夏季蔬菜組合成一道菜。為了讓小番茄快速入味以滾水去皮。
雖然有點麻煩，不過這也是美味提升的秘訣。

材 料（便於操作的份量）

小番茄	·············	12個
櫛瓜	················	1條
A	橄欖油 ·········	3大匙
	蒜泥（市售軟管）	4cm
B	乾燥蘿勒葉 ·····	1大匙
	鹽 ············	½小匙

作 法

1 ▶ 小番茄以熱水氽燙30～40秒後浸泡在冷水中去皮。
2 ▶ 櫛瓜切成1cm厚圓片。
3 ▶ 將材料A放入平底鍋中以中火加熱，放入步驟2拌炒4分鐘左右後加入材料B大略的混合均勻後熄火，最後加入步驟1拌勻。

調理時間 **10分**

保存期間 冷藏保存**4**日

小松菜

沒有什麼特殊的怪味，是小朋友也很能接受的蔬菜。
以保留它清脆口感設計的食譜。

加了小魚乾的湯汁非常美味！
充分入味的第2天最好吃。

價格　71元

和風燙小松菜佐小魚乾

只是加了小魚乾，就會變成充滿鮮味，高雅的和風燙青菜。
剩下的湯汁不要丟掉，加點醬油用來沾麵線也非常美味！

材料（便於操作的份量）

小松菜 ·············· 2把
小魚乾 ·············· 15g
A｜熱水 ·········· 200ml
　｜日式柴魚風味白醬油
　　·············· 2大匙

作法

1 ▶ 小松菜以份量外的熱水汆
燙1分30秒左右後浸泡冷
水降溫。切成5cm小段
後擰乾水分。小魚乾置於
濾網上輕輕晃動抖落表面
的碎末。

2 ▶ 將步驟1放入保存容器中，
倒入冷卻後的材料A。

調理時間　16分
保存期間　冷藏保存4日

價格　58元

以濃郁的醋味噌
保留住美味

小松菜與竹輪的黃芥末醋味噌

通常會使用墨魚搭配的醋味噌，用帶有鮮味的竹輪做就可以節省
材料費。比起墨魚，竹輪更不容易變質，最適合當作常備菜。

材料（便於操作的份量）

小松菜 ·············· 2把
竹輪 ··············· 2根
A｜醋 ·············· 3大匙
　｜砂糖 ············ 2大匙
　｜味噌 ············ 1大匙
　｜黃芥末（市售軟管）
　　·············· 適量

作法

1 ▶ 小松菜以熱水汆燙1分30
秒左右後浸泡冷水降溫。
切成5cm小段後擰乾水
分。竹輪切成薄片。

2 ▶ 將材料A置於缽盆中混合
均勻後加入步驟1拌勻。

調理時間　9分
保存期間　冷藏保存3日

菠菜

這是希望大家能夠多多攝取的代表性蔬菜。
由於容易變質，買來之後趁新鮮做成涼菜留住美味！

也可以依照喜好
加入大蒜

價格　53元

菠菜拌黑芝麻醬

避免菠菜生水的秘訣就是先不要放調味料。
以胡麻油在表面產生保護膜。
這樣一來就算是放進便當裡都無所謂。
黑芝麻的香氣與濃郁，帶來了美好的滋味。

材料（便於操作的份量）

菠菜‧‧‧‧‧‧‧‧‧‧‧‧2把

A
| 胡麻油‧‧‧‧‧‧‧‧3大匙 |
| 炒熟的黑芝麻‧‧2大匙 |
| 雞高湯粉‧‧‧‧‧‧1小匙 |
| 胡椒‧‧‧‧‧‧‧‧‧‧‧少許 |

作法

1 ▶ 菠菜以熱水汆燙1分30秒
左右後浸泡冷水降溫。切
成5cm小段後擰乾水分。

2 ▶ 將材料A放入缽盆中混合
均勻，加入步驟1拌勻。

調理時間
8分

保存期間
冷藏保存3日

切碎的花生帶來口感上的重點

價格　64元

菠菜拌花生醬

比芝麻更濃郁的花生醬，就算是不太敢吃帶有苦味菠菜的人也可以
吃的香甜滋味。醬汁容易沈澱，請在保存期間不時的以乾淨的筷子
翻動拌勻。

材料（便於操作的份量）

菠菜‧‧‧‧‧‧‧‧‧‧‧‧‧2把

A
| 花生醬(加糖)、醬油 |
| ‧‧‧‧‧‧‧各2大匙 |
| 花生‧‧‧‧‧‧‧‧1大匙 |
| 和風高湯粉‧‧‧‧¼小匙 |

作法

1 ▶ 菠菜以熱水汆燙1分30秒
左右後浸泡冷水降溫。
切成5cm小段後擰乾水
分。花生切碎。

2 ▶ 將材料A放入缽盆中混合
均勻，加入步驟1拌勻。

調理時間
8分

保存期間
冷藏保存3日

洋蔥

一年到頭都是穩定的價格。常溫也可以保存所以買多一點備著，在生活費有點捉襟見肘的時候非常有幫助。

當作三明治的餡料也很棒！

洋蔥鮪魚醬油美乃滋

泡水時間不夠長的話，辣味與洋蔥的氣味會比較強烈，請務必要注意喔。
加上燙熟的通心粉，就是一道即席沙拉！

材 料（便於操作的份量）

洋蔥‧‧‧‧‧‧‧‧‧‧‧‧‧‧2個

A
| 鮪魚罐頭（油漬） |
| ‧‧‧‧‧‧小1罐（70g） |
| 美乃滋‧‧‧‧‧‧‧‧‧4大匙 |
| 日式柴魚風味醬油 |
| （2倍濃縮）‧‧‧‧2大匙 |

作 法

1 ▶ 洋蔥切絲。泡水5分鐘左右。以廚房紙巾擦乾多餘水分。

2 ▶ 將材料A放入缽盆中混合均勻，加入步驟1拌勻。

調理時間 **8分**　保存期間 冷藏保存**4日**

價格　**37**元

隨著時間顏色會轉為可愛的粉紅色

紫蘇鹽漬洋蔥

以剛上市當季新鮮洋蔥做最好吃！如果使用辣味強烈的洋蔥，請先泡過水之後再使用。在充分入味的第3天之後，就是享用時機。

材 料（480ml 保存罐‧2罐份量）

洋蔥(小)‧‧‧‧‧‧‧‧‧‧‧‧4個

A
| 醋‧‧‧‧‧‧‧‧‧‧‧180ml |
| 砂糖‧‧‧‧‧‧‧‧‧10大匙 |
| 紫蘇鹽‧‧‧‧‧1又½大匙 |

作 法

1 ▶ 洋蔥帶著芯等切成6等分半月形，浸泡在水中10分鐘左右。以廚房紙巾擦乾多餘水分。

2 ▶ 將步驟1置於保存容器中，加入混合均勻的材料A。

調理時間 **15分**　保存期間 冷藏保存**10日**

價格　**22**元

牛蒡

富含食物纖維！口感一流！飽足感一流！
加熱後也不會縮水的優點非常棒！

酥炸牛蒡拌甜辣醬

除了做成金平牛蒡之外，也有其他的牛蒡常備菜。
將炸得酥脆的牛蒡裹上醬汁。搭配啤酒，就是這一味！

慢慢炸到酥脆為止

價格　18元

調理時間 10分　　保存期間 冷藏保存7日

材料（便於操作的份量）

牛蒡・・・・・・・・・・・・・2根
低筋麵粉・・・・・・・・・3大匙
A｛
醬油・・・・・・・・・3大匙
砂糖・・・・・・・・・2大匙
味醂・・・・・・・・・1大匙
七味辣椒粉・・・・・・適量
｝
沙拉油・・・・・・・・・・・・適量

作法

1 ▶ 牛蒡削成薄片細絲。

2 ▶ 將步驟1、低筋麵粉放入塑膠袋中，握緊塑膠袋口用力甩幾下，讓牛蒡均勻沾裹上麵粉。

3 ▶ 將材料A置於缽盆中混合均勻。

4 ▶ 將沙拉油倒入鍋中，油量約4cm深左右以中火加熱，將步驟2以手抓成一口大小放入鍋中，油炸5分鐘，起鍋後趁熱放入缽盆中與步驟3混合均勻。

價格　21元

削成薄片可以縮短烹調時間

胡麻風味金平牛蒡

如果吃膩了金平牛蒡，推薦既濃郁又溫潤的這款調味。
剩下的湯汁也可以運用在其他地方。
如果沒有胡麻醬汁的話，也可以用美乃滋替代。

材料（便於操作的份量）

牛蒡・・・・・・・・・・・・・・2根
胡蘿蔔・・・・・・・・・・・⅓條
胡麻油・・・・・・・・・・・1大匙
A｛
醬油・・・・・・・・・3大匙
砂糖、胡麻醬（市售）
　・・・・・・・・・各2大匙
炒過的白芝麻・・1大匙
和風高湯粉・・・・・・少許
｝

作法

1 ▶ 牛蒡削成薄片細絲，胡蘿蔔切成細絲。

2 ▶ 將胡麻油放入平底鍋中以中火加熱，放入步驟1拌炒5分鐘左右，加入材料A拌炒均勻。

調理時間 10分　　保存期間 冷藏保存5日

南瓜

在嗜甜的我們家很受歡迎的蔬菜之一。
做成鹹的口味更凸顯南瓜的甜味。

加上美乃滋夾麵包也不錯

價格 24元

甜鹹南瓜沙拉

出現在早餐的餐桌上，或者長男補習前的重要菜色。
加入一些絞肉，可提升鮮味與濃郁程度。

材料（便於操作的份量）

南瓜 ········· ¼個（400g）
絞肉 ···················· 50g
沙拉油 ············· 1小匙
A　醬油 ······· 1又½小匙
　　砂糖 ··········· 1大匙
美乃滋 ··········· 3大匙

作法

1 ▶ 南瓜切成1口大小放入耐熱容器中，鬆鬆的覆蓋上一層保鮮膜，以微波爐加熱（600W）8分鐘。趁熱以叉子壓成泥狀。

2 ▶ 將沙拉油倒入鍋中以中火加熱，放入絞肉炒鬆，等待肉變色後放入材料A拌炒均勻。

3 ▶ 將步驟2放入裝有步驟1的耐熱容器中混合均勻，大略的降溫後加入美乃滋拌勻。

調理時間 20分　　保存期間 冷藏保存4日

做為肉類料理的盤邊配菜
或下酒菜都不錯

咖哩起司風味炸南瓜條

撒上低筋麵粉延長酥脆的口感！
咖哩粉置於另一個容器中以冷藏保存，享用時再添加。

材料（便於操作的份量）

南瓜 ···················· ¼個
低筋麵粉 ·········· 3大匙
沙拉油 ············· 適量
A　起司粉 ········· 2大匙
　　咖哩粉 ········· 1小匙

作法

1 ▶ 南瓜切成5cm細長條均勻撒上低筋麵粉。

2 ▶ 將沙拉油倒入鍋中，油量約3cm深左右以中火加熱，放入步驟1油炸4分鐘。

3 ▶ 將步驟2置於鋪有廚房紙巾的保存容器中。將混合均勻的材料A置於另外的容器裡。享用時以微波爐或小烤箱熱過後撒上材料A即可。

調理時間 11分　　保存期間 冷藏保存4日

價格 24元

地瓜

孩子們最喜歡！除了在便當裡面想裝點甜甜的菜色時，
更是一道健康的小點心

調理時間 15分　保存期間 冷藏保存5日

價格　81元

雙色材料
份量滿分的菜色

蜜地瓜佐炸魚餅

想將地瓜做成適合下飯的料理，所以加了價格穩定又便宜還帶有魚
類鮮味的炸魚餅。又甜又鹹讓人感到放鬆的菜色。

材料（便於操作的份量）

地瓜‧‧‧‧‧‧‧‧‧‧‧‧‧‧‧‧‧2條
炸魚餅（甜不辣）‧‧‧‧‧‧2片
沙拉油‧‧‧‧‧‧‧‧‧‧‧‧4大匙

　味醂‧‧‧‧‧‧‧‧‧‧4大匙
A　醬油‧‧‧‧‧‧‧‧‧3大匙
　炒熟的黑芝麻‧‧1大匙

作法

1 ▶ 將地瓜與炸魚餅各切成
　　1cm寬的條狀。

2 ▶ 將沙拉油倒入鍋中以小火
　　加熱，放入地瓜拌炒8分
　　鐘左右。轉中火加入炸魚
　　餅以及材料A拌炒均勻。

免開火就可以完成！
只要混合即可，就是那麼簡單

價格　62元

蜂蜜味噌拌地瓜

將地瓜切成¼小圓片加熱到微微鬆軟，可以確實的入味。
就算是冷了之後也很好吃，放進便當中這樣略帶甜味的菜色也很受
歡迎。

材料（便於操作的份量）

地瓜‧‧‧‧‧‧‧‧‧2條(500g)

　蜂蜜‧‧‧‧‧‧‧‧‧3大匙
A　味噌‧‧‧‧‧‧‧‧‧2大匙
　炒熟的白芝麻‧‧1大匙

作法

1 ▶ 地瓜切成1cm厚的¼圓
　　片。放入耐熱容器中，鬆
　　鬆的覆蓋上一層保鮮膜
　　後，以微波爐加熱（600W）
　　8分鐘。

2 ▶ 將材料A放入缽盆中混合
　　均勻，加入步驟1拌勻

調理時間 11分　保存期間 冷藏保存5日

蓮藕

以蔬菜來說蓮藕的單價略高，不過卻是我最喜歡的。
加入鹿尾菜等其他蔬菜，增加份量！

蓮藕略略燙過即可，
保持爽脆的口感。

蓮藕紅薑醋物

紅薑的湯汁丟掉很可惜，所以拿來取代醋就可以不浪費。
混在白飯裡加上炒蛋，一道即席的散壽司馬上完成！

材料（便於操作的份量）

蓮藕	1節（300g）
A 紅薑	30g
紅薑的湯汁	4大匙
砂糖	2大匙

作法

1 ▶ 蓮藕切成薄片，浸泡在熱水中約1分鐘。以冷水降溫洗淨黏液，以廚房紙巾擦乾表面水分。將材料A中的紅薑切碎。

2 ▶ 將材料A置於缽盆中混合均勻，加入蓮藕拌勻。

調理時間 10分　保存期間 冷藏保存7日

爽脆的蓮藕
讓人停不下來！

價格 106元

中華風涼拌蓮藕與鹿尾菜

以大量的鹿尾菜增加份量。這次不以吃慣了的和風調味，
加了胡麻油做成味道豐富的中華甜醋口味。

材料（便於操作的份量）

蓮藕	1節（300g）
芽鹿尾菜（乾燥）	7g
胡麻油	2大匙
A 砂糖、醋	各3大匙
胡麻油	2大匙
醬油	1大匙
雞高湯粉	¼小匙
薑泥（市售軟管）	3cm

作法

1 ▶ 將蓮藕切成3mm厚半月形。鹿尾菜浸泡在大量的水裡10分鐘左右還原，擰乾水分。

2 ▶ 胡麻油置於平底鍋中以中火加熱，放入蓮藕拌炒5分鐘左右，加入鹿尾菜繼續拌炒1分鐘左右。

3 ▶ 將材料A置於缽盆中混合均勻趁熱放入步驟2拌勻。

調理時間 18分　保存期間 冷藏保存5日

里芋

適合濃郁調味的里芋，就像是京都的家常菜色一般。
以油炸的方式炸除多餘水分，使用最少的調味料調味，就可以延長保存期限。

醬煮炸里芋

將里芋在油炸前再裹上太白粉，以最低限度的調味，
就能做出最佳效果

材料（便於操作的份量）

里芋⋯⋯⋯⋯⋯ 12個
太白粉⋯⋯⋯⋯ 3大匙

A
水⋯⋯⋯⋯⋯ 50ml
日式柴魚風味醬油
（2倍濃縮）⋯⋯ 3大匙
砂糖⋯⋯⋯⋯ 2大匙

沙拉油⋯⋯⋯⋯⋯ 適量

作法

1 ▶ 將去皮的里芋撒上太白粉。
2 ▶ 將沙拉油倒入鍋中，油量約3cm深以中火加熱，放入步驟1油炸7分鐘左右。
3 ▶ 取另一只鍋子放入材料A與步驟2以中火加熱，湯汁煮滾後繼續煮3分鐘。

表皮香酥內部黏軟

調理時間 15分

保存期間 冷藏保存6日

價格 85元

價格 85元

適合作為烤魚等份量較少主菜的配菜

里芋丸子佐柚子味噌

活用里芋本身的黏性，做成充滿彈性的丸子。里芋價格高的時候也可以使用馬鈴薯替代。比例為馬鈴薯1個，搭配1大匙太白粉。

材料（12個）

里芋⋯⋯⋯⋯ 12個（360g）
太白粉⋯⋯⋯⋯ 4大匙
沙拉油⋯⋯⋯⋯ 2大匙

A
味醂⋯⋯⋯⋯ 3大匙
味噌⋯⋯⋯⋯ 2大匙
柚子胡椒（市售軟管狀）
⋯⋯⋯⋯⋯ 4cm

作法

1 ▶ 將里芋置於耐熱容器中，鬆鬆的覆蓋上保鮮膜，以微波爐（600W）加熱8分鐘左右。趁熱以叉子搗成泥後加入太白粉混合均勻。
2 ▶ 將步驟1分成12等分，各做成直徑4cm左右的圓餅狀。
3 ▶ 將沙拉油倒入平底鍋中，以中火加熱，放入步驟2兩面各煎3分鐘左右，加入混合均勻的材料A。

調理時間 20分

保存期間 冷藏保存4日

秋葵

等青菜或青椒等常見菜色都吃膩的時候，
就是秋葵登場的時候了。
以黏滑的口感帶來新鮮感！

秋葵汆燙時保留口感
風味更佳

芥末籽醬拌秋葵

保存時容易變色，加入芥末籽醬不僅外觀好看，
味道上也帶來特色。就算是加倍的份量也吃不膩。

材料（便於操作的份量）

秋葵‧‧‧‧‧‧‧‧‧‧‧‧‧‧‧ 12根

A │ 黃芥末籽醬、醬油、
　　胡麻油‧‧‧‧‧ 各1大匙

作法

1 ▶ 秋葵以熱水汆燙1分鐘左
　　右，以濾網撈起後大略的
　　降溫，切成3等分。

2 ▶ 將材料A步驟1放入缽盆
　　中混合均勻。

調理時間 8分　　保存期間 冷藏保存3日

價格　26元

讓魷魚絲鮮味充分釋放的
第2天後為享用時機

價格　40元

和風醬蒸魷魚絲秋葵

活用零嘴魷魚絲的鮮味當作食材烹調。濃郁的風味非常好吃！
搭配高麗菜與胡蘿蔔也很適合

材料（便於操作的份量）

秋葵‧‧‧‧‧‧‧‧ 12根（120g）

魷魚絲‧‧‧‧‧‧‧‧‧‧‧‧‧ 10g

A │ 酒‧‧‧‧‧‧‧‧‧‧‧ 4大匙
　　日式柴魚風味醬油
　　‧‧‧‧‧‧‧‧‧‧‧‧‧ 3大匙

作法

1 ▶ 秋葵縱切對半。

2 ▶ 將步驟1排放整齊後上面
　　擺魷魚絲，放入耐熱容器
　　中均勻淋上材料A，鬆鬆
　　的覆蓋上一層保鮮膜後，
　　以微波爐加熱（600W）
　　3分鐘。

調理時間 5分　　保存期間 冷藏保存3日

青椒

小朋友們不太喜歡的青椒，但是以節約來說卻是好用的材料。花點心思讓孩子們也喜歡吃。

非常下飯的一道菜，
可以常備在冰箱裡！

油炸鮹仔魚炒青椒

充分炒過之後，青椒特有的味道消失，變得容易被接受。
一開始先炒鮹仔魚，鮮味會跑進油脂裡，就算是份量不多也很夠味。

材料（便於操作的份量）
青椒⋯⋯⋯⋯⋯8個
鮹仔魚⋯⋯⋯⋯⋯10g
胡麻油⋯⋯⋯⋯2大匙
和風高湯粉⋯⋯⋯1小匙

作法
1 ▶ 青椒切成細絲。
2 ▶ 胡麻油、鮹仔魚放入平底鍋中以小火加熱，鮹仔魚變色後加入步驟1，拌炒5分鐘左右至青椒軟化。加入和風高湯粉混合均勻。

價格　30元

就算做了2倍的份量，
也是一下子就被清空，大受歡迎的一道菜

價格　20元

醬油美乃滋炒青椒

炒菜時加點美乃滋可以讓味道更濃郁與溫和，孩子們也很容易接受。材料中的柴魚片隨著時間會更具風味，美味加倍！

材料（便於操作的份量）
青椒⋯⋯⋯⋯⋯8個
美乃滋⋯⋯⋯⋯2大匙
醬油⋯⋯⋯1又½大匙
柴魚片⋯⋯⋯1袋(2.5g)

作法
1 ▶ 青椒縱切對半後繼續縱切成1cm寬的條狀。
2 ▶ 將美乃滋放入平底鍋中，以中火加熱、放入步驟1拌炒3分鐘左右，加入醬油拌炒均勻。熄火大略的降溫。
3 ▶ 將步驟2放入保存容器中，加入柴魚片拌勻。

黃豆芽

蔬菜中無法被超越的實惠價格！做成料理常備，
也解決了容易變質的問題。提到節省料理這件事，
黃豆芽果然是最具代表性的！

炒豆芽

以拉麵店裡的炒豆芽為發想的一道料理！
直接吃當然很好，加上汆燙過的肉類，或者炒蛋，變化性極佳。

材料（便於操作的份量）

豆芽‥‥‥‥‥ 2包（400g）

A
| 胡麻油‥‥‥‥ 3大匙
| 日式柴魚風味醬油
|　（2倍濃縮）‥‥ 2大匙
| 韓式辣椒醬 1又½大匙
| 雞高湯粉‥‥‥ 1小匙
| 蒜泥（市售軟管）‥ 4cm

作法

1 ▶ 將黃豆芽置於耐熱容器中，鬆鬆的覆蓋上保鮮膜，以微波爐（600W）加熱5分鐘左右，大略的降溫擰乾水份。

2 ▶ 將材料A置於缽盆中混合均勻後加入步驟1拌勻。

放在拉麵上
就有了外食的感覺

調理時間 **11**分

保存期間 冷藏保存 **3**日

價格　5元

加倍份量的白芝麻讓黃豆芽
更具風味

價格　5元

調理時間 **11**分

保存期間 冷藏保存 **3**日

胡麻醬拌黃豆芽

黃豆芽很容易出水，為了不讓味道變淡所以調味成濃郁的風味。
混合調味料前請確實的將多餘水分擰乾。

材料（便於操作的份量）

豆芽‥‥‥‥‥ 2包（400g）

A
| 白芝麻醬‥‥‥ 2大匙
| 切碎的炒熟白芝麻、
|　砂糖、醬油、味噌
|　‥‥‥‥‥ 各1大匙

切碎的炒熟白芝麻
　（依照喜好）‥‥ 1大匙

作法

1 ▶ 將黃豆芽置於耐熱容器中，鬆鬆的覆蓋上保鮮膜，以微波爐（600W）加熱5分鐘左右，大略的降溫擰乾水份。

2 ▶ 將材料A置於缽盆中混合均勻後加入步驟1拌勻。

3 ▶ 享用時請依照喜好撒上切碎的炒熟白芝麻。

CHAPTER 6

飯、麵類
的常備菜

伴隨著孩子們的成長,食量也增加。
返家時孩子們說「肚子好餓啊!」
在這樣的時候,如果有微波即食的飯、麵,就可以取代零食
孩子們自己加熱就可以吃,對於主婦來說也省了一件事。
而節省下來的時間與操勞,讓你有餘裕作一個比較溫柔的媽媽

飯

在忙碌的日子裡，給自己的午餐，
或是長男補習前的輕食
馬上就可以吃，非常方便！

趁熱加上奶油捲上海苔

價格　28元

電鍋做成的炒飯

價格　74元

烤飯糰

非常重要的一道料理，做飯糰時飯量要加
倍。配菜比較少的時候，用在便當非常方
便，做成茶泡飯在宵夜時間享用也不錯。

材 料（8個）

熱白飯 ……飯碗4碗份量
　　（720g）
沙拉油 …………… 1大匙
A｜醬油、味醂 ... 各2大匙

【搭配】
奶油、烤海苔 …… 各適量

調理時間　14分
保存期間　冷藏保存4日

作 法

1 ▶ 將白飯分成8等分，分別
　　捏成三角型的飯糰。

2 ▶ 將沙拉油倒入平底鍋中，
　　以中火加熱後，將步驟1
　　並排於鍋中兩面各煎4分
　　鐘左右。將混合好的材料
　　A塗在飯糰上面，繼續煎
　　至雙面上色，以保鮮膜個
　　別包妥，冷卻後放入保存
　　容器中。

3 ▶ 享用時，以微波爐或小烤
　　箱加熱，或者加上奶油或
　　者以海苔包妥後享用。

燒肉炒飯

用電鍋做出道地的炒飯，一次可以做4人份！
水量減少一些，加入蛋液與美乃滋之後，再多煮5分鐘
這就是讓煮好的飯粒粒粒分明的訣竅。

材 料（4人份）

米 ………………………3杯
絞肉（豬牛混合）…… 100g
A｜水 …………… 500ml
　｜雞高湯粉 …… 1大匙
B｜燒肉醬（醬油基底
　｜　市售品）…… 4大匙
　｜薑泥、蒜泥（市售軟管）
　｜　………… 各3cm
C｜雞蛋 …………… 2個
　｜美乃滋 ……… 1大匙
油炸蒜片（依照喜好）·適量

調理時間　95分
保存期間　冷藏保存4日

作 法

1 ▶ 米洗淨後瀝乾，放入電鍋
　　內鍋中，加入材料A混合
　　均勻，靜置30分鐘，讓
　　米吸滿水分。

2 ▶ 將絞肉、材料B混合均勻
　　後，放入步驟1的上面，
　　以普通的方式煮飯。飯煮
　　好了之後，將混合好的材
　　料C均勻倒入鍋中，蓋上
　　鍋蓋，按下再度煮飯的按
　　鈕煮5分鐘左右，關閉電
　　源。將整體混合均勻。

3 ▶ 享用時依照喜好撒上適量
　　的油炸蒜片。

蝦仁奶油香味飯（pilaf）

使用物美價廉的蝦仁，以平底鍋製作。不僅節省剝蝦殼的時間，加熱後肉質也很彈牙。

材料（4人份）

米 ······················3杯
蝦仁 ················ 150g
洋蔥 ················· ½個
胡蘿蔔 ··············· ½條
玉米粒（冷凍）········50g
奶油 ······ 1大匙多（15g）
　 水 ············· 600ml
A 西式高湯粉 ····· 1大匙
　 胡椒 ·········· ¼小匙
巴西利（切碎、依照喜好）
　················· 適量

作法

1 ▶ 米洗淨後瀝乾靜置30分鐘以上。洋蔥、胡蘿蔔切碎。

調理時間
62分

保存期間
冷藏保存**4日**

2 ▶ 奶油放入平底鍋中以中火加熱，奶油融化後放入蝦仁炒至變色。加入洋蔥，胡蘿蔔、玉米粒拌炒3分鐘左右，加入步驟1炒至米表面變透明。

3 ▶ 加入材料A，蓋上鍋蓋以大火加熱，水滾後轉小火煮15分鐘，熄火燜10分鐘左右，整體混合均勻。

4 ▶ 享用時依照喜好撒上切碎的巴西利葉。

竹輪鮮菇炊飯

以竹輪、菇類、油豆皮節約食材組合，就算沒有肉也很有味道。菇類也可以使用自己喜歡的

材料（4人份）

米 ······················3杯
竹輪 ················ 4根
鴻禧菇 ··············· 1包
香菇 ················· 2個
油豆皮（長方形的）····1片
　 水 ············· 500ml
A 日式柴魚白醬油 5大匙
　 味醂 ·········· 1大匙

作法

1 ▶ 米洗淨後放入缽盆中以蓋過米的水（份量外）浸泡，靜置30分鐘讓米吸滿水。

2 ▶ 竹輪切薄片，鴻禧菇剝成小朵。香菇切絲。油豆皮切成1cm寬。

3 ▶ 將步驟1的米瀝乾放入內鍋，加入材料A混合均勻。放入步驟2以普通的方式煮飯，燜10分鐘，將整體混合均勻。

調理時間
95分

保存期間
冷藏保存**4日**

使用平底鍋
就可以一次做多一點

價格　**115**元

以節約食材
做出道地的美味

價格　**83**元

麵

應該有人會想，麵類有需要做成常備菜嗎？不過一次做好不僅省事，水電費也比較節省

以兩種醬料與和風高湯
調出好味道

價格　82元

日式炒麵

加了日式高湯，就會有令人懷念的深度好滋味。
孩子們也常搭配白飯享用。應該只有關西人會這樣吃吧（笑）

材 料（4人份）

炒麵用蒸麵 ············	4球
薄切豬五花肉片 ·····	150g
高麗菜 ··············	⅙個
洋蔥 ·················	1個
沙拉油 ··············	1小匙

A	中濃豬排醬 ·····	3大匙
	伍斯特醬 ·······	1大匙
	和風高湯粉 ·····	¼小匙

柴魚片、海苔粉、紅薑
　　　　　　　　　 各適量

作 法

1 ▶ 把麵撥鬆。豬五花肉片切成4cm寬。高麗菜切成1口大小。洋蔥切絲。

2 ▶ 將沙拉油倒入平底鍋中以中火加熱，放入肉片炒至變色。加入高麗菜、洋蔥、炒3分鐘左右。加入麵條拌炒均勻，讓所有材料蘸上油脂。放入材料A繼續拌炒2分鐘左右。

3 ▶ 享用時添加適量的柴魚片、海苔粉與紅薑。

調理時間 **15分**　保存期間 冷藏保存**4日**

明太子白菜醬淋烏龍麵

勾了芡之後，只要1對明太子，就非常夠味。
先把淋醬做好常備，搭配熱的烏龍麵、義大利麵享用。

材 料（4人）

辣味明太子 ·····	1對(2條)
白菜 ··············	¼個
胡麻油 ············	1大匙

A	水 ··············	400ml
	雞高湯粉 ·······	1大匙

B	水 ··············	3大匙
	太白粉 ·········	2大匙

【搭配】
冷凍烏龍麵、義大利麵
　　　　　　　　　 各適量

作 法

1 ▶ 以湯匙刮出明太子（去膜）。白菜切成2cm寬。

2 ▶ 將胡麻油倒入鍋中以中火加熱，放入白菜拌炒5分鐘左右。加入材料A，與辣味明太子煮2分鐘，加入混合均勻的材料B，攪拌勾芡。

3 ▶ 享用時，將冷凍的烏龍麵以微波爐加熱或者燙熟，步驟2以微波爐加熱後淋上盛盤。佐以海苔絲。

調理時間 **12分**　保存期間 冷藏保存**5日**

價格　94元
※包含烏龍麵

滑順的醬汁搭配微辣的明太子
帶來味覺刺激

鮮菇高菜義大利麵

高菜可以取代調味料，調味僅使用醬油即可。
價格穩定的菇類可以多加一些，令人滿足的份量。

材料（2人份）

義大利麵‥‥‥‥‥ 300g
鴻禧菇‥‥‥‥‥‥ 1包
金針菇‥‥‥‥‥‥ 1包
醃漬高菜‥‥‥‥‥ 50g
胡麻油‥‥‥‥‥ 4大匙
醬油‥‥‥‥‥‥ 1大匙

作法

1 ▶ 鴻禧菇剝成小朵。金針菇長度對半切開後剝開。

2 ▶ 義大利麵燙熟。

3 ▶ 將胡麻油倒入鍋中以中火加熱，加入步驟1、高菜拌炒3分鐘左右。加入步驟2混合均勻後，倒入醬油拌炒均勻。

調理時間 **10**分

保存期間 冷藏保存**4**日

爸爸一個人在家
也可以動手做的午餐

價格 **81**元

以炒麵代替義大利麵節省時間！

價格 **61**元

拿波里炒麵

加入麵條之前，醬料確實炒乾多餘水分，不僅可以讓甜味增加，
就算放了一段時間也不會濕黏。不需要另外再煮義大利麵非常省事！

材料（3人份）

炒麵用蒸麵‥‥‥‥ 3球
培根（半片）‥‥‥‥ 8片
洋蔥‥‥‥‥‥‥‥ 1個
青椒‥‥‥‥‥‥‥ 2個
橄欖油‥‥‥‥‥ 2大匙
A 番茄醬‥‥‥‥ 6大匙
雞高湯粉‥‥‥ 少許
起司粉‥‥‥‥‥‥ 適量

作法

1 ▶ 把麵條撥鬆。培根切成2cm寬。洋蔥切絲，青椒切絲。

2 ▶ 將橄欖油、培根放入平底鍋中，以中火加熱炒至培根焦香。

3 ▶ 放入洋蔥、青椒炒至軟化，加入材料A拌炒30秒左右，放入麵條繼續拌炒3分鐘。

4 ▶ 享用時撒上起司粉。

調理時間 **11**分

保存期間 冷藏保存**4**日

Joy Cooking

日本常備菜教主－無敵美味的簡單節約常備菜140道

作者　松本有美

翻譯　許孟茵

出版者／出版菊文化事業有限公司　P.C. Publishing Co.

發行人　趙天德

總編輯　車東蔚

文案編輯　編輯部　美術編輯　R.C. Work Shop

台北市雨聲街77號1樓

TEL：(02)2838-7996　　FAX：(02)2836-0028

法律顧問　劉陽明律師　名陽法律事務所

初版日期　2018年6月

定價　新台幣 320元

ISBN-13：9789866210594　　書　號　J128

讀者專線　(02)2836-0069

www.ecook.com.tw

E-mail　service@ecook.com.tw

劃撥帳號　19260956 大境文化事業有限公司

YU-MAMA NO KANTAN! REITO TSUKURIOKI by Yumi Matsumoto

Copyright © Yumi Matsumoto 2016

All rights reserved.

Original Japanese edition published by FUSOSHA Publishing, Inc., Tokyo.

This Traditional Chinese language edition is published by arrangement with FUSOSHA Publishing, Inc.,

Tokyo in care of Tuttle-Mori Agency, Inc.

日本常備菜教主－無敵美味的簡單節約常備菜140道

松本有美　著　初版. 臺北市：出版菊文化，

2018　96面；19×26公分. ----(Joy Cooking系列；128)

ISBN-13：9789866210594　　1.食譜　2.烹飪　　427.1　　107008158